坏心情
生存手册

情绪崩溃时如何迅速自我顺毛

［加］卡罗琳·戴奇（Carolyn Daitch, Ph.D.）
［加］丽莎·罗勃鲍姆（Lissah Lorberbaum）—— 著
许王倩　左萌萌 —— 译

九 州 出 版 社
JIUZHOUPRESS

谨以此书献给读者，

你们追寻进步的勇气和决心不断激励着我们。

在刺激和反应之间有一片空间。在这片空间里，我们可以选择做出何种反应。通过做出选择，我们获得了成长与自由。

——维克多·弗兰克尔（Viktor Frankl）

目 录

第二部分　自我调节

致　谢

　　如果没有广大心理咨询师对我在前作《情绪调节工具箱》（*Affect Regulation Toolbox*）中介绍的方法的临床应用，以及对成功经验的热心分享，这本书不会问世。因此，我们首先要在此感谢同行的支持和帮助。

　　我们还想对诺顿出版社的黛博拉·马尔穆德表示诚挚的谢意，感谢她一直以来鼓励本项目的开展，不断以饱满的热情跟进项目，并在编审过程中展现出敏锐的洞察力。有她为此书的出版保驾护航，我们倍感荣幸。辛迪·巴莉勒克是我们的写作指导和编辑，她不仅富有耐心，给我们带来了许多欢乐，还具备出色的编辑技巧。多亏了她的指导，我们的写作水平才得以上一个台阶。我们很幸运获得了她的帮助，也十分珍视彼此的友谊。

　　同时，我们也十分感谢诺顿出版社团队提供的支持、展现出的敬业精神和专业知识。感谢艾莉森·刘易斯、伊丽莎白·贝尔德、安吉拉·莱利、杰西·休斯和内森·科汉。同时也感谢莱斯利·安林严谨的编辑工作。我们尤其要感谢丹尼斯·皮隆和泰德·雅各布斯，没有他们的不懈努力，这本手册就无法呈现出当前的效果。我们还要特别感谢海伦·富兰克林，她是一位很好的读者，也是很棒的朋友。感谢劳里·爱泼斯坦·卡奇和苏珊·巴尼特阅读本书的早期手稿。最后，非常感谢身兼好友和丈夫二职的拉斯·格雷厄姆（Russ Graham）一如既往的支持与耐心。

作者按

2007 年,《情绪调节工具箱》出版,其中囊括了我作为心理学家 25 年来帮助人们在生活中减少情绪折磨的经验之谈。虽然这本书是为心理治疗专业人士而写的,但治疗师也经常推荐给患者阅读。

这本书的反响非常好,因此广大治疗师和患者也一直催我再写一本针对普通大众的书,帮助他们采用快捷、简单的方法来阻止情绪失控,无论他们是否在接受心理咨询。恰巧,诺顿出版社邀请我在《情绪调节工具箱》的基础上写一本练习手册。于是,我邀请了心理治疗师丽萨·罗勃鲍姆一起编写了本书。

《情绪调节工具箱》是为临床治疗师编写的,而本书的目标读者则是普通大众。此外,相较前一本书,本书提供的方法的适用范围更加广泛,除了焦虑和人际关系中的情绪导火索外,还针对其他常见的情绪崩溃(emotional flooding)前兆,如被遗弃感、无望感、暴怒、被评判 / 羞耻感、被背叛感等感受提供帮助。在一定程度上,这也增强了本手册的影响力和适用性。

本书简介

《坏心情生存手册》实现了理论与实践的双管齐下。通过这本书，你可以了解原本健康的情绪是如何变得不可承受并具有潜在破坏性的，以及背后有怎样的成因。本书也详细描述了人在被情绪控制时，神经系统中发生了怎样的心理生理学反应。了解上述知识是重新控制住失控情绪的第一步。

随后，本手册介绍了用于应对情绪崩溃的"STOP 方案"。从数十年的患者反馈来看，这些方法是有效的。STOP 方案提供了一整套易于操作的方法，供读者在遇到难以控制的情绪时使用。这些方法在解决最常见的情绪导火索时具有针对性，且可以做到个性化。为提高每种方法的效果，本手册还提供了让读者组织积极自述的机会和练习完成后对自身情况进行思考的空间。这些方法与配套的书面练习为读者提供了循序渐进、实用可靠的流程，可以帮助读者重获平静、复原力和幸福感。

本书的结构安排

本书分为两部分。第一部分是对情绪崩溃的介绍，包括为什么和在什么时候会出现这种情况。这部分也对情绪崩溃的导火索进行了剖析，充满故事性的场景和生动的例子可以帮助读者深入了解他人强烈的情绪体验。通过阅读这一部分，读者会认识到恐惧、愤怒、悲伤这三种基本情绪的极端情况，还可以了解大脑的三部分构造以及各部分与情绪崩溃的联系。这一部分也探讨了人际关系中同调联系（attuned connection）的重要性，以及情绪崩溃对这种联系的破坏性。

此外，第一部分还包括各种图表、流程图、自测工具，提供了自我反思和写日志的机会。我们会帮助读者应用这些材料和方法，学会掌控自己失控的情绪。

第二部分"自我调节"介绍了"每日压力接种"方法，这是一种帮助读者放松并降低情绪反应基准的日常练习，能够让读者更加平静，降低情绪崩溃的可能性。除了对每日压力接种练习进行明确的指导，本书还会告诉读者如何养成日常练习的习惯，用日志记录练习进度。

随后，第二部分还提供了STOP方案和12种自我调节情绪的方法。STOP方案是一套明确、具体的行动方案：S代表"扫描"，即扫描想法、情绪、行为和感觉；T代表"暂停"；O代表"应对"，即应对早期阶段的情绪崩溃；P代表"实践"，即将方法付诸实践。读者将学到的方法包括：静观正念、成就重温、智者人格、积极前景和情绪旋钮。这些推荐方法中的每一次练习都是必不可少的。这样一来，读者感觉到情绪反应过度时，就可以利用适当的方法来进行缓解了。STOP方案可以阻止情绪崩溃，降低情绪反应水平，提升情绪稳定性，使你达到需要的情绪平衡状态，最终摆脱导致痛苦、破坏人际关系的情绪困扰。

本手册会教读者如何运用相应的方法改善某种具体的情绪失控状态，如惊恐、绝望、沮丧和焦虑。读者还能学习如何用这些方法来应对一系列人际关系方面的情绪导火索，包括被背叛感、被评判／羞耻感、被遗弃感和不被体谅感。

值得一提的是，本书为情绪崩溃的每种导火索专门制定了成套的调节方法。这些应对情绪反应的方法的优势不在于快速解决问题，而在于全部计划、策略、练习、日志和引导性思考的组合使用。这些方法共同为普遍存在的情绪崩溃问题提供了一系列个性化的解决方案。

如何使用本书

由于本书涉及具体的情绪问题和案例，读者可能很想直接跳到后面，阅读针对自身当前问题的方法，但这样做会错过学习有关情绪、情绪崩溃及其神经学基础等重要知识的机会。

因此，我们建议读者按照顺序阅读，并完成所有的练习和思考。随着对练习的逐渐熟悉，读者会发现定期练习的好处。经验表明，坚持使用这些方法会使情绪反应发生明显的变化。

和《情绪调节工具箱》的写作目的类似，我们希望本书提供的方法也能帮助你走出情绪困境，在面对生活中不可避免的应激源时保持冷静，并在应对过程中变得更加坚韧。

第一部分

情绪崩溃

THE ROAD TO CALM

第 1 章

了解情绪崩溃

无论情绪多偏执、多令人厌烦，我们都不能忽视它们。

——《安妮日记》（*Het Achterhuis*）

作者安妮·弗兰克（Anne Frank）

每个人都有过被情绪淹没而失去控制的时刻。这是我们生活的一部分。在本书中，我们将这种情绪波动状态称为"情绪崩溃"。它可能会影响你的日常生活、工作和人际关系。也许你之所以会打开这本书，正是因为你体验过这种状态带来的麻烦。如果不能管理好情绪，在面对生活中或大或小的挑战时，你就会失去应对能力。恐惧、愤怒、焦虑、悲伤等情绪如果不加以控制，没有得到很好的管理，都会给生活带来灾难。

我们一天中不免会经历很多或积极或消极的事件，而情绪的过度反应会让人无法对这些事件做出有效回应。这时，相较理智而言，愤怒、恐惧或悲伤更容易影响你的反应、感觉、想法和做出的相应决策。难以抑制的情绪会影响你的积极心态，可能导致工作、友谊和爱情受到危害，甚至家庭关系破裂。你和你周围的人都会被你的情绪影响，时刻警惕着随时可能到来的下一次情绪崩溃。

为了判断情绪崩溃是否对你产生了明显的影响，请问自己下列问题：

> 我的情绪强度是否对我的工作、日常生活和人际关系造成了消极影响？

> 从旁观者的客观视角看，我的情绪反应和当时的情况相比

是否过于激烈了？

如果你对以上问题中至少一个的回答是肯定的，那么你很可能会出现情绪崩溃的问题，即强烈的情绪以压倒性的力量迅速袭来，干扰你当下的正常行动，而你的理性无法控制这种情况。

情绪崩溃有以下四个特征：

➢ 情绪强度高（包括强烈的生理反应）
➢ 情绪强度经常超过所处情境下的正常反应程度
➢ 情绪强度无法降低
➢ 情绪对当前的正常行动造成了消极影响

本章将帮助你更好地了解情绪崩溃及其对生活产生的影响。这也是你学习应对情绪崩溃的第一步。

日常生活中的情绪

生活处处是挑战。下列情况都可能引发你的情绪反应。

➢ 上司对你进行了打击。
➢ 朋友在最后一刻打来电话取消和你的午餐约定。
➢ 道路施工，害你上班迟到。

➤ 旁边的司机开车心不在焉，突然变换车道，你不得不急踩刹车，以避免发生事故。

➤ 你接了个电话，结果晚饭烧焦了。

➤ 你向配偶重复了一个简单的要求无数次，他／她却总做不到。

➤ 你的孩子第 3 次按掉闹钟了，可 15 分钟后校车就要到了。

这些场景在日常生活中很常见。生活不全是消极的，同样，情绪也不都是消极的。感受强烈情绪的能力也是一种天赋。

➤ 一段音乐让你心潮澎湃。

➤ 你疯狂地陷入热恋。

➤ 感恩节那天，你走进父母家，闻到了南瓜派和烤箱里火鸡的香味。

➤ 同事、朋友甚至陌生人对你刚刚的某个举手之劳报以微笑。

➤ 你摸了摸婴儿的脸，看到她对你笑了。

你有时会看到美丽的日落，但有时会因为加班而错过它。你有时（可能和同样起床困难的家人一样）会在早上急匆匆冲出家门，有时会在晚上躺进沙发，感到脱下鞋子、架起双脚带来的快乐。每一天，这些经历都穿插在你的日常之中，而它们的存在让各种形式的情绪不可避免地出现。沮丧、感恩、愤怒、快乐、舒适、不适、紧张、平静……这些五味杂陈的情绪体验是生活的一部分。

然而，当你的情绪强度超出所处情境下的正常反应程度时，问题就出现了。这时，你可能会陷入强烈的情绪旋涡，一时无法进入下一个情绪状态。这种现象就是情绪崩溃。

莎拉：愤怒

莎拉担忧她怒火中烧时的口不择言会让家庭氛围变差，不利于孩子的成长和婚姻的稳定。她是一名工程师，工作要求高，通勤时间长。她的丈夫特里是一名自由撰稿人，居家工作。在特里看来，家务事并不是当务之急。因此，他习惯把脏盘子留在水池里，把用过的纸留在餐桌上。莎拉到家后，家里的一团糟加上饥饿和疲惫经常让她满腔怒火。她会把公文包摔在柜台上，做晚餐时重重地开关橱柜，对孩子们提出的要求刻薄回应。一天晚上，莎拉和家人大吵了一顿。那之后，她打电话给姐姐诉苦。"我恨自己，我觉得我越来越像咱妈了。我冲特里和孩子们大喊大叫，骂他们懒，不为我着想。我知道，让每个人收拾好自己的东西是个合理的要求，但我好像做不到心平气和地沟通，只会冲他们大喊大叫。我明知道这样做只会让事情变得更糟，也知道特里会不高兴。他怎么高兴得起来呢？我也不高兴。"

妮科尔：孤独

34 岁的妮科尔是一名律师。她向心理医生表达了自己找不到对象也维持不了恋爱关系的绝望。"我太孤独了，再也受不了了。我只想找到一个我爱他、他也爱我并不会离开我的人。"妮科尔边抹眼泪边为自己的失态道歉，"一想到我可能永远不会结婚，永远不会有孩子，会孤独终老，我就觉得太可怕了。"当被问及是什么影响了她的恋爱关系时，她叹了口气，回答道："我早就知道问题出在哪儿了。我每次开始跟人交往，就会担忧他离开我。对方不打电话给我或没有立刻回我消息的时候，我就会纠缠不休，问这问那，无理取闹。我明明不想这么做，也知道怎么做更好。我在法庭上的冷静完全消失了，我仿佛无法控制自己。这种时候，我不再是当初那个让对方着迷的成功女性，而变成了一个哭哭啼啼、软弱无能、不知所措的小女孩。谁会想和这样的人交往呢？所以他们都离开了，没有一个例外。我被这个问题困住了，再也受不了了。"

马克：抑郁

马克有长期抑郁症史。离婚后，他经历了严重的抑郁发作，时常感到孤独，仿佛整个世界都崩溃了。他在悔恨中挣扎，反复纠结自己作为丈夫都有哪些不足。他感到自己做什么都毫无章法，于是开始疏远朋友和同事，并长期感到疲惫和缺乏动力。在工作中，他注意力不集中，工作效率低下，引起了上司的关注。在马

克看来，上司的批评进一步证实了他能力不足的问题，他的抑郁
症因此恶化了。

与莎拉、妮科尔和马克一样，你可能也觉得自己摆脱不了情
绪的控制，但情绪本身并无好坏之分。即使是强烈的情绪，其表
现程度在恰当的时间和地点也可以得到调整。下一节我们就会讨
论这一点。

情绪的本质

体验强烈的情绪波动，尤其是恐惧、愤怒和悲伤的能力会在
很多方面为你提供好处。恐惧和愤怒会提醒你，你身体的某方面
可能会受到威胁。一旦警报出现，恐惧或愤怒的情绪便会在心理
和生理两方面进行动员，确定威胁是否存在，并在危险来临时为
你提供保护。不同于恐惧和愤怒的是，悲伤不会提醒你采取保护
措施，但可以激励你去发现生命的意义，并保护你生命中重要的
东西。首先，让我们看一下这些情绪的定义，看看它们是如何帮
助我们在世界上生存和发展的。

恐惧：在感知到危险时身体做出的强烈的生理和心理反应，
通常伴有不安感。身体会出现不适，会产生担忧、强迫性或灾难
性的想法，以及僵化和逃避式的行为。

愤怒：一种在感知到针对自身或他人的威胁时会启动自然防

御系统的生理和心理反应。

悲伤：对失落或失望的一种心理反应，往往伴有绝望感、挫败感、忧郁或哀悼。

恐　惧

突然有行人闯入你的车道时，你感知到的恐惧会调动你的身体，让你迅速踩下刹车。出于保护自己和行人不受伤害的目的，你会对发生事故感到极度恐惧，而这种情绪也会帮助调动你的身体做出反应，避免事故的发生。

恐惧与焦虑息息相关，并经常会导致普遍性的焦虑感。例如，如果你要在工作中做一次演讲，对演讲的恐惧会导致担忧和焦虑，但也会给你做好充分准备的动力。对可能做不好演讲的焦虑会督促你采取行动，以提高在潜在压力状况下的表现。在登台演讲时，这种焦虑也可以帮助你在过程中保持警觉。无论是拯救生命还是防止尴尬，恐惧和焦虑对维护你的安全和保障而言都是至关重要的。

　　描述一次恐惧对你产生积极作用的经历。

_____

_____

_____

愤 怒

愤怒是一种能为我们提供保护的适应性反应。在我们遭遇身体或语言上的攻击时，愤怒可以抵挡外部威胁造成的身体或心理伤害，帮助你抵御攻击。

在与朋友、同事或家庭成员的关系中，如果你时常感受到愤怒或沮丧，这表明你的某些心理需求没有得到尊重。例如，伴侣对你的尖锐批评让你感到愤怒，让你意识到对方的回应并不友善。愤怒会促使你要求伴侣温和地表达批评意见。

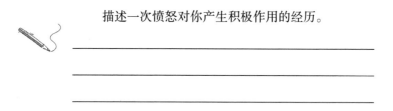

描述一次愤怒对你产生积极作用的经历。

_____

_____

_____

悲 伤

悲伤是生活中不可避免的情绪。悲伤有时很短暂，但更多时候，它会像钳子一样牢牢钳住你。悲伤往往与失去有关。每个人都需要关怀、联系、同情、爱和支持，以获得幸福。如果你失去了你所关心的人，无论是因为死亡或分手，还是仅仅因为对方离家去上大学，你可能都会感到悲伤。除此之外，悲伤也可能与某些情况有关，比如失业或考研失败。

在某些情况下，悲伤可以帮助你做出明智的选择，以预防未来遭受损失。在无法挽回损失的情况下，悲伤会以悲痛的形式出现，帮助你从失去的人际关系或经历中吸取经验和教训。

描述一次悲伤对你产生积极作用的经历。

_____

_____

_____

对所有人来说，在成长和发展过程中体验各种情绪的能力都是至关重要的。然而，愤怒、恐惧、悲伤或其他强烈情绪来袭时会引发很多问题，会让你难以承受，更不用说做出正常反应了。

情绪崩溃

在生活中，很多时候，强烈的情绪表达是合理的。然而，如果在错误的环境中表达强烈的恐惧、焦虑或愤怒，这些保护性的情绪也会产生不良影响。与其对这些情绪的好坏进行评判，不如问问自己，当下的情绪强度是否影响到了自己的正常反应。如果你的焦虑、恐惧、愤怒或悲伤的强度太高，这些情绪就不再能帮助你对情况或环境做出最佳反应，反而往往会成为阻碍。

例如，即将上台演讲引发的焦虑让你要么放弃做准备，要么在演讲时突然卡壳。在这种情况下，焦虑就成了你做好演讲的阻碍而不是帮助。再举个例子，提醒自己不要撞到行人的恐惧感，如果在每次开车时都出现，会让开车这件事变得令人高度紧张，甚至会让人对开车产生抵触心理，更想搭别人开的车。同样，面对伴侣的批评，如果你用愤怒回应，反应激烈得如同自己受到了生命威胁一样，这势必会导致冲突升级，也会对伴侣造成伤害。如果你在分手一年后仍然像刚分手一周时那样悲痛欲绝，你可能会陷入无尽的悲伤和无望之中。在这种情况下，悲伤没能帮助你从过去的错误中吸取教训并迈向新的关系，而只会让你不断纠结上一段关系中犯下的错误。

在以上所有例子中，情绪崩溃都会带来严重的消极影响。

情绪崩溃：快速自查

在上个星期，下列痛苦感受在你生活中出现的频率是怎样的？

情绪类型	从不	偶尔	有时	经常	总是
焦虑	1	2	3	4	5
惊恐	1	2	3	4	5
生理痛苦难耐	1	2	3	4	5
绝望	1	2	3	4	5
沮丧	1	2	3	4	5
暴怒	1	2	3	4	5
被遗弃感	1	2	3	4	5

被背叛感	1	2	3	4	5
被控制感	1	2	3	4	5
被批判感	1	2	3	4	5
被指指点点感	1	2	3	4	5
羞耻	1	2	3	4	5
被误解感	1	2	3	4	5
不被体谅感	1	2	3	4	5
怨恨	1	2	3	4	5
挫败感	1	2	3	4	5

记下你选择 4 或 5 的情况。在之后的章节中，你将会学到一些有针对性地缓解某类情绪崩溃的方法。

了解情绪崩溃

情绪崩溃的英文 "emotional flooding" 把情绪比作洪水。这个比喻抓住了情绪崩溃时的心理状态的本质：情绪犹如洪水汹涌而来，力量极大，令人难以承受，并会留下破坏性的后果。情绪在崩溃时往往难以得到控制，因此人们时常感到羞耻和沮丧。正是因为情绪崩溃很难平息，了解其生物学原理与大脑的运作方式才变得十分重要。神经科学家约瑟夫·勒杜（Joseph LeDoux）在他 1996 年的开创性著作《情绪大脑》（*The Emotional Brain*）中写道，大脑的构造使其相较自我调节和通过理性管理情绪而言更容易被情绪操控。这不仅是可以理解的，而且是符合人类本能的。

了解强烈情绪产生时的神经心理学过程会为你提供一些帮助。这要从了解大脑的三个组成部分开始。

大脑的三部分

大脑是由许多不同的结构组成的。和身体的其他器官一样，大脑的每个结构都要执行各自的功能，并与其他结构分工协作，以确保它们处于最佳工作状态。根据位置和功能，神经学家将大脑分为三个不同的"家族"，或称"部分"。这三个部分各有很多名称，但在本书中，我们将它们称为"后脑"（hindbrain）、"中脑"（midbrain）和"前脑"（forebrain）。需要强调的是，大脑的功能非常复杂，所以将它分为三部分是一种概念上的简化。将大脑的功能概念化有多种方法。从这点出发，并以美国神经学家保罗·麦克莱恩（Paul MacLean）的"三脑理论"（triune brain theory）为基础学习这三部分的相关知识，会增进你对情绪崩溃的理解。

如图 1.1 所示，后脑位于大脑底部，靠近大脑与脊柱的连接处。后脑主要执行与控制身体用来维持基本生存的功能，如心率、呼吸和饥饿感。中脑，正如我们在这里描述的那样，大致位于大脑的中部，在大脑的众多功能中负责情绪体验。

前脑位于后脑和中脑的上面，主要负责逻辑和理性思维能

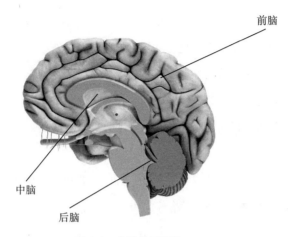

前脑

中脑

后脑

图 1.1　大脑的三部分

　　此图是根据麦克莱恩的"三脑理论"对后脑、中脑和前脑三部分进行的视觉模拟，但并没有完整展示这三部分的所有结构。

力。前脑是大脑演化过程中的最新成果。面积较大的前脑结构使人类能够进行复杂的思考，并进行书面和口头交流。

　　前脑是你大脑中的理性之声，会提醒你控制情绪，不要冲动，并评估周围环境是否安全。它负责提醒你不要在数码商店里卖的新游戏机上花掉全部工资；还会在你夜里被砰砰声吵醒时让你冷静下来，安慰你不必惊慌失措，告诉你那只是中央供暖系统发出的声音，让你安心回去睡觉。

　　当大脑的三部分以最佳状态运作时，它们彼此分工协作，及时给予反馈。例如，你在夜里被砰砰的巨响吓了一跳时，中脑和后脑会一起开始工作，让你立即感到警觉。你的心跳加快，呼吸急促，整个身体都进入警戒状态，为行动做好准备。同时，你的前脑开始扫描当前环境，并帮助你用逻辑分析视觉、感觉、嗅觉传来的信号，或潜在的威胁发出的声音。这种情况下，前脑分辨出声音是中央供暖系统发出的，并向其他两个部分转达了"可以解除警报"的信号。中脑接收到信号后，会降低恐惧强度，你的心跳会由此减缓。

在这三部分的成功配合下，身体会顺利回到睡眠状态，得到需要的休息，直到闹钟催你起床，开始新的一天。

回想一次你用逻辑（前脑输入的信号）成功渡过困境的经历，用自己的话做一番描述。大脑是如何用逻辑帮助你的？

_____

_____

_____

情绪崩溃和中脑-前脑断联

但不是所有人都能在大脑系统被激活后轻松地控制情绪，使其恢复正常。这意味着两种结果：正常兴奋和情绪崩溃。在情绪崩溃时，中脑会变得高度兴奋。这时，中脑与前脑之间的联系被切断，中脑开始掌控全局。理性的前脑会用逻辑对情况进行评估，提醒你高度情绪反应是不必要的，帮你控制冲动。但当二者不再配合工作，中脑无法"听到"前脑输入的信号。当前脑和中脑处于最佳工作状态时，前脑输入中脑的信息会帮助你控制冲动，但当前脑的信息传输受阻、理智不再起作用时，中脑就会抢走主动权，让你任由情绪和冲动摆布。这时，中脑已经失控了（见图 1.2）。

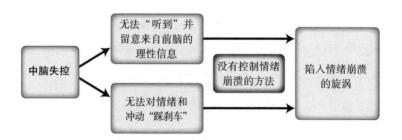

图 1.2　情绪崩溃的过程

比较逻辑与情绪的影响

回想一下，你上次情绪崩溃发生在什么时候？使用图 1.3 评估那次情绪崩溃时逻辑和情绪的强度并打分。在图中标出二者各自的强度值并填色。无须在意结果是否精确，凭直觉估计即可。

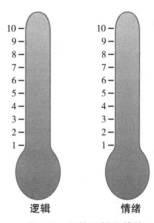

逻辑　　　　情绪

图 1.3　评估逻辑和情绪

情绪崩溃时，前脑的理性信息根本不足以平息中脑的过度反应。你即使知道把你惊醒的声音来自中央供暖系统，也不能阻止心跳加速，而是会一直想着这件事，很难继续入睡。理性也告诉你不要对同事大发雷霆，他向上级告状可会让你吃不了兜着走，但当他用讽刺的口吻反驳你时，理性在愤怒面前变得不堪一击。想想你要怎么阻止浪潮涌上海滩吧——你做什么都没用。同样，试图只用理性来阻止压倒性的情绪浪潮也是徒劳的。

判定情绪崩溃的类型和影响

要重新获得控制情绪的能力，首先要明确生活中情绪崩溃的表现。下表可以让你了解情绪崩溃的频率及其影响。面对这些问题，你需要明确的是，要尽量避免对自己的反应做出或好或坏的评价，只需让答案如实反映出你大部分时间的感受。圈出你认为最符合自己真实感受的选项。

情绪自我评估 ▬▬▬▬▬▬▬▬▬▬▬▬▬▬▬▬▬▬▬

1. 我会感到紧张或烦躁。　　（1）没有或几乎没有　　（3）经常
　　　　　　　　　　　　　（2）有时　　　　　　（4）非常频繁

2. 情绪起伏时，我很难冷静　（1）没有或几乎没有　　（3）经常
　　下来。　　　　　　　　（2）有时　　　　　　（4）非常频繁

3. 我脾气很好。　　　　　　（1）没有或几乎没有　　（3）经常
　　　　　　　　　　　　　（2）有时　　　　　　（4）非常频繁

4. 我会感到窒息般的恐惧、焦　（1）没有或几乎没有　　（3）经常
　　虑、愤怒或悲伤。　　　（2）有时　　　　　　（4）非常频繁

5. 早上我有起床气。　　　　（1）没有或几乎没有　　（3）经常
　　　　　　　　　　　　　（2）有时　　　　　　（4）非常频繁

6. 我很容易入睡，而且整晚都　（1）没有或几乎没有　　（3）经常
　　不会醒。　　　　　　　（2）有时　　　　　　（4）非常频繁

7. 我会特意避开引起我焦虑或　（1）没有或几乎没有　　（3）经常
　　担忧的情境或地点。　　（2）有时　　　　　　（4）非常频繁

8. 我体验过猝不及防、无法控　（1）没有或几乎没有　　（3）经常
　　制、不知从何而来的恐慌　（2）有时　　　　　　（4）非常频繁
　　浪潮。

9. 我对未来忧心忡忡，担心会　（1）没有或几乎没有　　（3）经常
　　有坏事发生。　　　　　（2）有时　　　　　　（4）非常频繁

10. 我希望自己的心情可以更　（1）没有或几乎没有　　（3）经常
　　轻松些。　　　　　　　（2）有时　　　　　　（4）非常频繁

11. 我有过身体不适的经历，　（1）没有或几乎没有　（3）经常
　　如胃痛、头痛、肌肉紧张　（2）有时　　　　　　（4）非常频繁
　　或酸痛。

12. 我有选择困难症。　　　　（1）没有或几乎没有　（3）经常
　　　　　　　　　　　　　　（2）有时　　　　　　（4）非常频繁

13. 我有过没来由地默默哭很　（1）没有或几乎没有　（3）经常
　　久的经历。　　　　　　　（2）有时　　　　　　（4）非常频繁

14. 我做事情会很快放弃，因　（1）没有或几乎没有　（3）经常
　　为觉得努力没有用。　　　（2）有时　　　　　　（4）非常频繁

15. 我感到无望。　　　　　　（1）没有或几乎没有　（3）经常
　　　　　　　　　　　　　　（2）有时　　　　　　（4）非常频繁

16. 别人的行动会让我心烦。　（1）没有或几乎没有　（3）经常
　　　　　　　　　　　　　　（2）有时　　　　　　（4）非常频繁

17. 我对别人失望。　　　　　（1）没有或几乎没有　（3）经常
　　　　　　　　　　　　　　（2）有时　　　　　　（4）非常频繁

18. 我难以忍受充满压力的　　（1）没有或几乎没有　（3）经常
　　情况。　　　　　　　　　（2）有时　　　　　　（4）非常频繁

19. 我对食物或其他东西有不　（1）没有或几乎没有　（3）经常
　　受控制的强烈渴望。　　　（2）有时　　　　　　（4）非常频繁

20. 我很冲动。　　　　　　　（1）没有或几乎没有　（3）经常
　　　　　　　　　　　　　　（2）有时　　　　　　（4）非常频繁

21. 我很自律。　　　　　　　（1）没有或几乎没有　（3）经常
　　　　　　　　　　　　　　（2）有时　　　　　　（4）非常频繁

22. 我的愤怒爆发时会吓到　　（1）没有或几乎没有　（3）经常
　　别人。　　　　　　　　　（2）有时　　　　　　（4）非常频繁

23. 我动不动就发火。　　　　（1）没有或几乎没有　（3）经常
　　　　　　　　　　　　　　（2）有时　　　　　　（4）非常频繁

24. 我经常为自己的言行后悔。	（1）没有或几乎没有	（3）经常
	（2）有时	（4）非常频繁
25. 朋友和家人会受到我强烈的情绪的影响。	（1）没有或几乎没有	（3）经常
	（2）有时	（4）非常频繁
26. 我希望能更好地控制自己。	（1）没有或几乎没有	（3）经常
	（2）有时	（4）非常频繁
27. 失控的言行会让我感到羞耻或内疚。	（1）没有或几乎没有	（3）经常
	（2）有时	（4）非常频繁
28. 我失控的情绪给周围的人带去了消极影响。	（1）没有或几乎没有	（3）经常
	（2）有时	（4）非常频繁

得分情况：

如果你的答案中有至少 5 个（3）或（4），那么情绪崩溃极有可能已经对你的生活造成了严重影响。

如果你的答案中（1）和（2）比较多，那么这说明情绪崩溃可能对你有影响，但并不会妨碍日常生活。

无论你情绪崩溃的频率如何，判断自己的情绪反应水平和进行相应自我调节的能力都会是你个人生活和职业生涯中的一笔财富。本书介绍的方法会帮助你创建和维持日常放松状态，保持平静和舒适的情绪。随着对本手册的深入阅读，辅以各种方法在日常生活中的应用，你会不断强化自我调节技能，你的人际关系也会更加稳定。

日志练习：情绪崩溃的代价

　　写日志能够促进信息的整合与思路的明确，还有助于管理压力，总结经验，多角度分析问题。你可以利用以下问题记录自己情绪崩溃的经历，如果空间不足，可以写在笔记本上。

　　情绪崩溃给你的生活带来了怎样的折磨和挣扎？

_____

_____

_____

　　情绪崩溃如何影响了你的人际关系？

_____

_____

_____

　　对自己的情绪崩溃状况有更深入的了解后，你有什么感想？

_____

_____

_____

了解有关情绪崩溃的神经生物学基础知识后，你便可以从生物学角度解释为什么仅仅依靠理性无法平息过强的情绪了。调节情绪的关键不是谈话或逻辑。为了战胜情绪崩溃，你需要强有力的方式来控制中脑过度兴奋的状态，使大脑的三部分恢复最佳平衡状态，再次实现相互交流与协作。通过对本手册介绍的方法的学习和应用，你的身心能够得到有效的训练，让你与过度活跃的中脑成功"对话"。通过这种方法，你可以学会管理情绪，而不是受情绪控制（见图 1.4）。

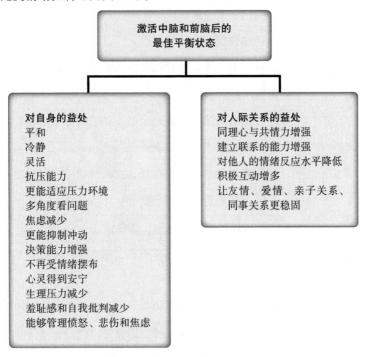

图 1.4　最佳平衡状态的益处

要点总结

- 情绪崩溃：程度强烈、来势迅猛、影响强大而持久且难以靠理性平复的情绪状态。

- 情绪崩溃并非存在于真空中。它不仅会影响你的个人状态，也会影响你的人际关系。

- 情绪崩溃有以下四个特征：

  √ 情绪强度高（包括强烈的生理反应）

  √ 情绪强度经常超过所处情境下的正常反应程度

  √ 情绪强度无法降低

  √ 情绪对当前的正常行动造成了消极影响

- 需要问自己的问题：

  √ 我的情绪强度是否对我的工作、日常生活和人际关系造成了消极影响？

  √ 从旁观者的客观视角看，我的情绪反应和当时的情况相比是否过于激烈了？

- 大脑可以被抽象地视为三部分：

  √ 后脑（掌管人体基本机能，如心率、呼吸等）

  √ 中脑（调节情绪）

  √ 前脑（负责逻辑、语言、抽象思维和复杂推理）

- 情绪崩溃时，中脑区域功能异常，之后情绪便喷涌而出。负责逻辑的前脑此时也作用甚微。

THE ROAD TO CALM

第 2 章

情绪崩溃的危害

比起实际存在的问题，干扰人们更多的是这些问题在想象中引发的焦虑。

——古罗马哲学家爱比克泰德（Epictetus）

在学习如何运用 12 种方法应对不同类型的情绪崩溃之前，很重要的一步是了解生活中的一些情绪表现。本章将为你展示情绪的多种组合是如何引发问题的。对某些人来说，情绪崩溃是心理障碍的一种。还有一些人的情况即使没有达到任何"障碍"的标准，他们也已深受情绪失控的折磨。这种情况下，构建关于情绪的思维框架能帮助你理解强烈情绪的外在表现，也能帮助你做好准备，来更有效地运用调节情绪的方法。

日常情绪波动

意识是一种充满丰富情绪的体验。在清醒时的每一刻（甚至是睡着的某些时刻），你都能感受到情绪的潮起潮落。在日常生活中，大多数情绪并不十分显著（除非你正与某种心理障碍做斗争，或正在经历重大的生活变故、承受着巨大的压力）。其实在很多情况下，你根本不会表露出情绪，但还是能一直感受到情绪的波动（见图 2.1）。

情绪强度越高，你就越能意识到它们的存在。例如，工作绩效评估良好时，你可能会同时拥有满足感、充实感和自豪感。下班回家享受周末时，你可能会感到一身轻松、兴奋不已。有人抢走你一直耐心等待的停车位时，你常常会感受到不同程度的愤

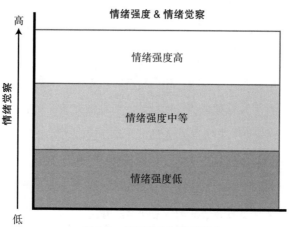

图 2.1　情绪强度与情绪觉察

怒。面对大大小小的损失时，你会产生不同程度的悲伤。本章和下一章讨论的所有情绪挑战，每个人都经历过，未来也必然还会经历。

➤ 焦虑

➤ 惊恐

➤ 生理痛苦难耐

➤ 孤独

➤ 广泛性无望

➤ 沮丧

➤ 暴怒

本手册介绍的并不是让你永远不受消极情绪影响的方法，而是帮你调节情绪强度的策略。感受到消极情绪并不是问题所在。事实上，你感受情绪及其不同强度的能力大大丰富了你的生活，也提高了你对生活的满意度。然而，当你无法控制特定类型的情绪的强度并因此感到痛苦时，情绪崩溃就变成问题了。

焦虑、抑郁和愤怒相关障碍

> 焦虑像一把摇椅，让你有事可做，但也让你做不成大事。
> ——美国小说家朱迪·皮考特（Jodi Picoult）

情绪崩溃是所有心理障碍的一个组成部分。本手册推荐的方法可以减轻任何心理障碍带来的情绪苦恼。此处的心理障碍一般与焦虑、抑郁和愤怒有关，但如果你遇到了其他心理障碍（常见的包括饮食障碍和成瘾问题），本手册推荐的方法也可以在这些障碍相关的情绪崩溃发生时给予你帮助。

如果你受到本章讨论的某些障碍困扰，那么，你会发现有许多途径可以改变、治愈或缓解它们。除了本手册推荐的方法外（每种障碍都有具体的方法推荐），还有许多资源可供你选择。我们鼓励你针对生活中遇到的任何一种障碍探寻更多信息。为了更好地帮你克服障碍，我们还在附录 A 中列出了附加资料清单。你也可以考虑寻求专业人士的帮助。但是，第一步是要确定障碍的性质。

广泛性焦虑障碍

如果你始终担忧灾难会在未来的某个拐角处出现——这被称为"预期性焦虑"（anticipatory anxiety）——那么你可能患有一种常见的焦虑症，即广泛性焦虑障碍（generalized anxiety disorder, GAD）。

安吉拉41岁，自称长期受焦虑情绪折磨。她已经不记得自己什么时候不会感到焦虑了，于是最终决定去找治疗师寻求帮助。安吉拉对治疗师描述的病情是广泛性焦虑障碍的典型症状。

"我总是做最坏的打算，"安吉拉说，"我妈说我自找麻烦，杞人忧天。我特别担心我家孩子的健康，担心他们跟狐朋狗友鬼混。他们才上初中，我就在担心他们能不能考上好大学。有人说我对孩子们保护过度，我就担心自己是不是伤害了他们。有时因为太担心，我的胃疼得厉害，甚至无法通过睡觉来逃避，晚上还会控制不住地胡思乱想，所以我一直感觉很累。然后我又会担心自己什么时候才能休息好，会不会因为太累出车祸，还有，如果车祸时孩子们在车里该怎么办。"

广泛性焦虑障碍的症状会表现在认知、情绪和身体三方面。在认知方面表现为焦虑，其强度与焦虑对象本身的严重性并不相称。在这种情况下，会有一大堆"万一"的念头在脑中盘旋。你可能会过度担心自己的身体健康、财务状况和工作事务，总是挂

念孩子或其他亲属的情况。你会发现很难做出决定，因为总担心做出错误决定，造成难以承受的后果。

在情绪方面，你可能会一直处于紧张状态，表现为神经质、易怒、紧张不安。周遭的一切似乎都充满不确定性和危险，即使不清楚自己情绪背后的想法究竟是怎样的，你可能也会长期担惊受怕。此外，你会在绝望中感到孤独和孤立，认为没有人像你这般饱受折磨，没有人能理解你的情绪。

在身体方面，你可能会感到胃部不适、头痛、背部或其他部位肌肉疼痛。身体上的不适是体内持续循环的压力激素水平过高的结果。大多数广泛性焦虑障碍患者不仅身体不适，还会因为自己的身体症状更加焦虑，因此可能陷入恶性循环（见图 2.2）。焦

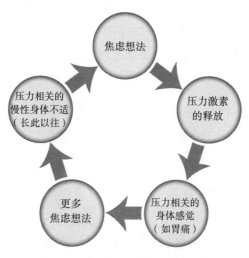

图 2.2　广泛性焦虑障碍的恶性循环

虑想法导致压力激素的释放，造成身体不适，而身体不适又会导致更多焦虑想法的产生，从而加剧慢性身体不适，无休无止。这种恶性循环还可能导致入睡困难或彻夜失眠。

惊恐发作

惊恐发作（panic attack）的显著特点是强烈的恐惧感，这种感觉经常无缘无故出现且无法控制、难以抵挡。惊恐发作时，你会被强烈的恐惧感所包围，感觉无法呼吸，似乎要失去控制。惊恐发作的标志是强烈的身体反应。人们常常生怕自己这是心脏病发作了，因为惊恐发作时常常会有如心跳加速、呼吸急促、出热汗或冷汗等表现。之所以出现这些症状，是因为神经系统已经被压力激素控制，并进入"战斗-逃跑"模式。但误以为这些身体症状会威胁生命的想法则会让惊恐加剧。

除了强烈的身体痛苦，你还可能会有不真实的感受。你知道你不是在做梦，但不知道为什么，你的感觉就是和正常情况下对现实的感受不同，仿佛置身梦境。你感觉周遭的一切都不太对劲，可能会感到自己的意识在从外部视角观察自己，仿佛已经灵魂出窍。这种情况被称为"人格解体"（depersonalization）。如果你觉得自己所处环境不真实，这种情况被称为"现实解体"（derealization）。在任何情况下，难以从大难临头的困境中冷静下来的情况都会引发恐惧，让你感觉自己好像要疯了。当然，你并不会真的发疯，但惊恐发作的确令人感到不安和煎熬，大多数人都希望永远不要再经历一次。

惊恐障碍

很多人出现过惊恐发作，但这不代表一定会发展成惊恐障碍（panic disorder）。惊恐障碍除了有一次或多次惊恐发作的表现外，还有两个关键判断标准。正如我们在前面提到的，如果你有过惊恐发作，你很可能非常希望避免下一次惊恐发作。而对那些惊恐发作继续发展为惊恐障碍的人来说，防止再次惊恐发作的紧迫感，加上惊恐发作不可避免会导致的恐惧，形成了一个恶性循环。

以下是惊恐障碍的三个判断标准：

➢ 一次或多次惊恐发作（通常持续时间不超过 20 分钟，但非常强烈）

➢ 对不知会在什么时间和地点再次惊恐发作的担忧

➢ 对有过或可能导致惊恐发作的地点和情境的回避

你如果有惊恐障碍，会为了降低惊恐发作的可能性而花费大量精力。因此，你会设法避免接触任何可能引发惊恐发作的环境或情境。有惊恐障碍的人可能回避的常见场所包括商场、大超市及其他难以快速逃离的地方。

有些人对惊恐发作的恐惧非常强烈，这导致他们认为唯一的解决办法就是尽可能待在家中。这就是同时伴有广场恐惧症（agoraphobia）的惊恐障碍。如果你有惊恐障碍，即便你能避开一切会导致惊恐发作的具体地点，对它的恐惧依然会严重妨碍你的生活（见图2.3）。

图 2.3　惊恐障碍的发展过程

社交焦虑障碍

社交焦虑障碍（social anxiety disorder，SAD）是对来自他人的审视和评判的极端焦虑。如果你只在需要表现，如公开演讲或进行其他类型的展示时出现社交焦虑障碍，你的情况便属于基于表现的社交焦虑障碍亚型（performance-based subtype of SAD）。如果你在许多社交场合经常出现社交不适，那你可能就存在社交焦虑障碍。

与普通的社交焦虑相比，社交焦虑障碍导致人感受到的痛苦更强。如果你有社交焦虑障碍，在某些会让你感到格外焦虑的社交场合，被他人审视或评判可能都会让你下意识感到痛苦。而且，这种焦虑很快就会超过不适的程度。社交焦虑障碍常常伴有如心跳加快、容易脸红、感到眩晕或头晕，或者在感到有他人在关注你时汗流浃背等生理反应。与广泛性焦虑障碍相似，社交焦虑障碍也存在心理障碍的恶性循环：对被他人评判的焦虑引发了身体上的焦虑反应，这些反应又导致了对他人会发现并评判这些反应的焦虑。这个无休无止的循环会增强你的焦虑反应。

如果你只属于基于表现的社交焦虑障碍亚型，那么在其他社交场合，你不会受到这种强烈焦虑的困扰。在众人面前表现时感到焦虑，或者在各种社交场合中出现社交焦虑，这些是人之常情。但在社交焦虑障碍中，这种焦虑会变得非常极端。

戴维是个 20 岁的大学生，患有社交焦虑障碍。他在学校成绩很好，有几个亲密的朋友，和家人关系也很和睦。但在社交焦虑障碍的影响下，住校、上课和在食堂吃饭都变得令他难以忍受。在宿舍和食堂里与他人相处总会让他感到焦躁不安。他担心如果有人走过来，自己会不知道该说什么，也担心别人嫌弃自己沉默寡言、举止奇怪。甚至在独自坐着吃饭时，他也能感受到别人的目光。如果最亲密的朋友不在身边，他会选择点外卖，在宿舍独自吃饭。他还担心社交焦虑障碍会影响他的成绩，因为和同学一起做小组作业对他而言非常痛苦。他正准备转入社区大学，这样可以搬回家住，尽可能地远离校园。搬回家住似乎是他唯一的选择。

无论是社交焦虑障碍还是基于表现的社交焦虑障碍亚型患

者，在面对社交焦虑的恶性循环时唯一的解决方案就是避免会引起焦虑的社交场合。因此，与惊恐障碍和下文中的创伤后应激障碍（posttraumatic stress disorder，PTSD）一样，社交焦虑障碍的一个重要表现就是避免会触发焦虑的场合。这种回避行为会促使你减少社交活动，阻碍你对工作或学术的追求。和所有的焦虑障碍一样，回避行为非但不能帮你缓解恐惧，反而会让你一直处在恐惧之中，有时还会加剧焦虑。但好消息是，有很多更有效的方法可以缓解你的焦虑。

总体来说，社交焦虑障碍有以下表现：

➢ 对他人的注视和看法感到强烈恐惧
➢ 身体反应：心跳加速、感到眩晕或头晕（但不会真的晕倒）、身体发热或发红、非高温或体力消耗引起的出汗
➢ 避免可能会受到他人评判或挑剔的社交场合
➢ 两种类型：基于表现的社交焦虑障碍亚型仅在特定社交场合（如演讲时）出现，广义的社交焦虑障碍则会在更多社交场合中出现

强迫症

造成情绪失控的另一种障碍是强迫症（obsessive-compulsive disorder，OCD）。顾名思义，强迫症有两种表现：强迫想法，即反复出现、持续存在并具有侵入性的想法、图像或冲动；强迫行

为，即为了避免强迫想法带来的伤害或痛苦，你认为必须采取的一系列行动或思维过程（见图 2.4）。

图 2.4 强迫症的两种表现

你如果有强迫症，可能会有一系列痛苦的症状，并受到这些想法和行为的困扰。在以下例子中，强迫症患者的症状各不相同。

黛比有一种侵入性的、挥之不去的对细菌的焦虑。她生怕自己和孩子出门后会受到细菌的感染，因此会离生病的人远远的，并花大量时间打扫家里的卫生。

约翰尼有一套在出门前必须一一完成的强迫症行为流程。他会反复检查煤气是否关闭、门窗是否锁好。

伊丽莎白做任何事时都抑制不住重复三遍的冲动。她在公共厕所会扯三次纸巾擦手，吃饭时会分别用两边牙齿咀嚼食物三次，每天跑步时必须跑整整三英里，不能多也不能少。

有些强迫症患者需要通过触摸或轻拍物体来减轻焦虑。这种强迫行为源于认为这种做法可以防止坏事发生的迷信。

其他强迫症患者则需要医生的保证。他们经常向医生求助，希望医生可以打消自己对健康出现严重问题的恐惧。虽然在别人看来，他们对每种症状的过度关注可能更像疑病症（hypochondria），但他们抑制不住对保证的渴望。

与强迫症类似的还有囤积症（hoarding）、拔毛症（trichotillomania）和强迫性皮肤剥离症（dermatillomania）等。

创伤后应激障碍

受过创伤的人不在少数。调查显示，大多数美国人在一生中至少有过一次创伤经历。包括许多饱受战争之苦的军人在内的大多数人恢复得很快，生活可以回到正常状态，然而，许多人在经历创伤性事件后很长时间仍处于痛苦之中。这些人便患上了创伤后应激障碍。

在阿富汗服完兵役后，亚历克斯在妻子朱莉的坚持下接受了治疗。他对此很不情愿，认为寻求帮助意味着自己很脆弱，而且他不相信治疗会有效果。但朱莉说，如果他不接受专业治疗，她就要提出离婚，于是亚历克斯同意了。虽然讲述时很痛苦，但亚历克斯最终还是坦白了他目睹许多人，包括一个好友阵亡的经历。

亚历克斯患有典型的创伤后应激障碍。他很难入睡，睡眠很浅，经常做噩梦。在梦里，战争期间的场景会重演，比如一辆车在他面前被炸飞。他会被惊醒，一身冷汗。他在工作中无法集中注意力，办公室外突然传来的鸣笛声和汽车声会吓他一跳。轮胎刺耳的摩擦声会让他的症状格外严重，因为这种声音让他想起那场爆炸发生时自己的车在路边急停的声音。

亚历克斯经常感到烦躁易怒，开始因为一些小事对妻子和幼小的儿子发脾气。他说他就是控制不住。他开始疯狂酗酒，希望酒精能麻痹自己，让自己不再频繁发火或受惊。

---

60 岁的朱迪在 19 岁时被医生强暴。事情虽然已经过去了 40 多年，但朱迪总觉得好像就发生在昨天。她完全失去了安全感，总是很紧张，不敢放松警惕。

被强暴的经历让很多过去看来正常的事情变得无法忍受，每年的体检就是一例。她只有在非常紧急的情况下才会去看医生。她不坐飞机，因为安检让她十分痛苦，普通的搜身流程会让她感到惊恐和恶心。包括她丈夫在内的任何人如果用搜身的方式碰她，都会被她恐惧地拒绝。

创伤后应激障碍是在经历过一个或多个创伤性事件，如性侵或人身伤害、自然灾害、战争、目睹他人受到伤害、关系亲近者

意外受伤或死亡后形成的。但受创伤的经历不一定会导致创伤后应激障碍。当事人对创伤的感受是创伤后应激障碍形成的决定性因素。当事人是否会患上创伤后应激障碍，很大程度上要看其无助感的强弱。

以下是创伤后应激障碍的四种主要表现：

> 重温创伤事件：记忆闪回，做噩梦，反复回想创伤事件
> 回避会引发创伤回忆的刺激：回避与创伤有关的场所、声音和情境
> 情绪麻木：疏远他人，情绪反应迟钝，尤其对积极情绪没有反应
> 生理唤起激烈：夸张的惊吓反应，睡眠障碍，易怒，注意力难以集中，过度警觉

创伤幸存者可能容易受到失控情绪的影响。对他人无害的气味、声音或情境一旦与创伤事件相关，便会引发患者一连串的身体和情绪反应。一些创伤后应激障碍患者有失忆和 / 或记忆闪回的症状。失忆意味着与创伤回忆分离，可能让患者不再对过去或现在的某些导火索有过激的反应。这会保护患者免受痛苦的过度折磨，但也可能让他们感到失控和迷茫。记忆闪回会让患者重新体验创伤带来的强烈的生理与心理感受，干扰其睡眠和身体的正常机能。

抑 郁

一句抗抑郁药广告词所言不虚："抑郁症会带来切身之痛。"抑郁症患者可能有一系列表现，包括挫折感、颓废、精力不足（并非由睡眠不足引起）、很难感受到快乐等。抑郁症会影响思想，让患者无止境地纠结不如意的一切。他们一直被绝望感折磨，其中有些患者一直怀有极端的愧疚情绪。

精力不足、纠结消极事件、注意力不集中、逃避社交都是抑郁症的典型症状，通常表现在食欲、睡眠模式和肌肉运动的改变上。有些患者没有食欲，有些则会通过食物自我安慰，通常是摄入过量的碳水化合物和糖。同样，有些抑郁症患者嗜睡，有些则睡眠严重不足。有些患者会非常紧张、坐立不安，有时甚至坐都坐不稳，有些会觉得自己像在黏稠的液体中跋涉一样行动缓慢。抑郁症不仅会改变你的生活方式，也确实会改变你走路的方式。

根据严重程度和持续时间，抑郁症被分为几种类型。比如，重性抑郁障碍（major depressive disorder，MDD）的症状十分严重。患者无法工作，生活不能自理，难以承担原本的职责，甚至可能会出现自杀的念头。一些重性抑郁障碍患者会计划与尝试自杀。

玛丽安在例行体检时对医生说，她越来越难早起了。"我只想睡觉。我讨厌去做不想做的事，比如工作，这会打扰我休息。但就算睡了很久，我仍然觉得很累。我现在得用尽力气才能让自己从床上爬起来。"

玛丽安说，在过去两个月里她瘦了快 10 千克。她解释说："食物对我没有意义。我对任何事情好像都没什么期待可言，包括吃饭。做饭需要太多的精力，我也不想出去吃。我讨厌一个人出去吃饭，也不会喊上朋友一起。我这样消极，就没有人想和我待在一起吧。"

重性抑郁障碍会周期性发作。也就是说，病情会时好时坏。例如，有些人可能会陷入深度抑郁，症状持续两周或两个月，在这之后症状会消失很长一段时间，直到下一次发作。而有些人可能只会发作一次，一旦症状消失，抑郁症就会一去不复返。

除了重性抑郁障碍，还有症状稍轻的抑郁症。例如，在一天中的大部分时间里有轻微的抑郁情绪，且持续较长一段时间，这种情况被称为"心境恶劣"（dysthymia），属于持续性抑郁障碍（persistent depressive disorder，PDD）。这种轻度抑郁要持续两年或以上才能被诊断为心境恶劣。虽然程度不如重性抑郁障碍严重，但持续性抑郁障碍仍会带来严重影响。我们可以把重性抑郁障碍看作季节性的反复发作，而持续性抑郁障碍就像是漫长灰暗的冬天，使人一直沉浸在抑郁之中。

萨莉是一名 55 岁的律师，已经离异。以前，她每周有三天会和读法学院时期的朋友去健身房。有时，他们会在运动后早早去吃晚饭。然而，一年多来，萨莉都没再去过健身房。起初，朋友们还会打电话来问她要不要在他们健身结束后一起吃饭。但几个月后，他们也不再打电话了。对萨莉来说，回复电话和去健身房要花费她太多精力。她感觉生活似乎在很长一段时间里都是暗淡无光的。她在工作中仍然表现良好，但她怀疑客户和同事已经发现了她的异样。一直以来，生活对她而言都索然无味。她似乎没有动力找回自己失去的东西，也不明白为什么自己的生活变成了这样。

可能减轻抑郁症的行为包括锻炼、社交和实现目标，但这些行为对抑郁症患者来说几乎不可能完成。不过，任何积极的行动都意味着朝好的方向前进。本手册中推荐的方法能帮助患者调节悲伤和绝望感，缓解孤独和寂寞感。

抑郁症和焦虑障碍共病

同时患有抑郁症和焦虑障碍的患者并不少见。这种情况通常被称为"共病"。焦虑障碍反复无常、令人沮丧的本质会带来长期的绝望和无助感，这些都是抑郁症的表现。但抑郁症和焦虑障碍共病也有其他表现形式。对大脑的研究表明，焦虑障碍和抑郁症有共同的神经基础。例如，这两种疾病发作时，某些神经递质（neurotransmitter，如 5- 羟色胺）的分泌或运作都会失常。这也解释了为什么某些药物可以被用来同时治疗这两种疾病。某些研究表明，焦虑障碍和抑郁症的产生可能与遗传有关。

间歇性暴发性障碍

间歇性暴发性障碍（intermittent explosive disorder，IED）伴有经常性的暴怒行为，其表现包括谩骂、发脾气以及其他暴发性或攻击性行为。通常情况下，"暴发"即冲动反应，是被当事人认为由某种情况引起的或人为挑起的冲动。这是一种过激反应，其情绪强度明显超出对所处情境的正常反应的范围。这种障碍经常表现为路怒症和对伴侣或同事的谩骂或暴力行为。有时患者的情绪反应过于强烈，会产生伤害他人身体或破坏财物的倾向。

在童年和青少年时期经历过生理或心理创伤的人，往往容易患上间歇性暴发性障碍，但这种联系并不是必然的。抑郁症、焦虑障碍或药物滥用障碍也会提高间歇性暴发性障碍的发病率。无论患者是否处于醉酒状态，由强烈的愤怒引发的间歇性暴发性障碍都会发生。因此，只在醉酒时才暴躁易怒和／或产生暴力倾向的人并不能被诊断为患有间歇性暴发性障碍。

26岁的埃里克因为在工作时的三次暴怒，差点丢了工作。有一次，仅仅因为快递员把一个重包裹放在了他的办公桌而不是专用桌上，他便破口大骂起来。还有一次，同事在休息室不小心撞到了他，他也大发脾气。在绩效考核中，他还撕毁了文件，摔门而去。这让整个事态严重到了极点，直接导致他被留职察看。对

于自己的失控行为，埃里克非常懊悔，也害怕自己会再次失控。

　　埃里克的家庭生活更加糟糕。因为总是保不住工作，为节省开支，埃里克一直和母亲同住。在母亲家里，他每周也能发两次火。最后，他母亲也无法忍受他的脾气，让他搬出去自己住。

　　一些间歇性暴发性障碍患者在对他人发泄怒火时会出现暴力行为。如果你有这样的问题，请务必使用本书中推荐的方法来调节情绪，以免让你的愤怒对自己和周围的人产生消极影响。

要点总结

- 每个人的情绪都是不断变化与流动的。

- 我们的目标是调节情绪强度，而不是消除情绪本身。

- 情绪体验会丰富生活经历。但出现情绪崩溃却无法缓解时，我们会遭受巨大的折磨。

- 在所有心理障碍中，情绪崩溃都扮演着重要的角色。

- 如果你有心理障碍，除了使用本手册中推荐的方法外，也可以咨询专业人士，获得帮助。

THE ROAD TO CALM

第 3 章

人际关系中的冲突

火可以取暖，也可以吞噬一切；水可以灭火，也可以淹没万物；风可以温柔如轻抚，也可以猛烈如刀割。人与人之间的关系也是如此：我们既能创造，也能摧毁；既能养育，也能恐吓；既能伤害，也能治愈。

——《登天之梯》（*The Boy Who Was Raised as a Dog*）
作者布鲁斯·佩里（Bruce Perry）和迈亚·塞拉维茨（Maia Szalavitz）

人际关系是人类赖以生存的基础。在生活中，最亲密的关系会为你带来快乐、意义、依靠、支持和安慰。与朋友、熟人和同事之间的交流能帮助你建立有意义的联系。甚至和你每天遇到的陌生人——比如为你制作拿铁的咖啡师、为你送快递的邮递员——之间的交流，一个微笑、一声感谢或几句轻松的寒暄，都会为你制造出某些瞬间的联系。

然而，在与人打交道的过程中，发生冲突是不可避免的。当你与伴侣、子女（无论是否成年）、父母、兄弟姐妹、朋友、同事甚至只在日常活动中有过一面之缘的人打交道时，情绪的失控都有可能发生。

在与他人交往时，你有时也许会有如下感受：

➤ 被遗弃感

➤ 被背叛感

➤ 被控制感

➤ 被批评感

➤ 被评判／羞耻感

➤ 不被体谅感

➤ 怨恨

➤ 沮丧／无望感

这些情绪都有可能引发情绪崩溃。

人际关系兼具挑战与回报。但在情绪崩溃时，挑战变大，回报则明显减少。不过，你可以通过一些技巧来避免这种情况发生。在本章中，你将深入了解引发与延续情绪崩溃的心理动因。有了这些信息，你就可以找出在自己的人际关系中频频引发情绪崩溃的因素了。

首先，我们要了解共享联系为何如此重要，以及联系的缺失为何会导致痛苦。

同调联系的重要性

我们是社会性动物。与他人的联系体验能让我们获得爱、能量和支持。联系是我们生存和发展的基础，而一种特定类型的联系——同调联系尤为重要。从婴儿期开始，我们就需要同调联系。这种需求会持续一生。

当两个人在情绪上产生共鸣且感受统一时，同调联系便产生了，并会通过语言、非语言交流和回应性的关注体现。当你和另一个人产生同调联系时，你们脑中掌控情绪的部分会以相似的频率产生作用。正如我们在《爱情中的焦虑》（Anxious in Love）一书中写道，同调联系会给你一种奇妙的感觉，好像"在情绪上哼着同一个旋律"。同调联系的表现包括：

➤ 包容、温柔的抚触

➤ 眼神接触

➤ 相互应和的身体语言

➤ 对幸福、快乐和满足的共同体验

➤ 抚慰悲伤或痛苦的回应

联系的神经科学原理

在第 1 章中我们讲到，在情绪崩溃时，中脑（负责情绪）会被高度激活。这时，中脑和前脑之间的联系中断，中脑占据了主导位置。我们了解到，这种中断阻碍了中脑接收来自前脑的理性信息，因此你和可以提供理性声音的这部分大脑就失去了联系。当中脑功能异常时，这种神经系统失联现象导致了另一个同样消极的结果：你失去了与他人产生同调联系的能力。

注意：

"同调"并不意味着感知到的情绪是相同的，也不代表这些情绪相似或无法区分。在双方中的一方经历痛苦的情况下，双方情绪的差异格外明显。例如，一个情绪同调的大人会用安慰的话语和抚摸来安抚哭泣的孩子，而不是自己也跟着哭泣。再例如，一个情绪同调的母亲会鼓励为考试焦虑的儿子，而不是跟着一起焦虑。同调联系并不意味着你和对方有同样的情绪高峰和低谷。它传达出的是理解和尊重。

同调联系中的情绪崩溃和关系破裂

当你心烦意乱时，如果有和你情绪同调的人在，你会平静下来，情绪也会得到舒缓，所以在情绪崩溃时，你会很自然地寻求情绪同调者的关心，即便最初的导火索就是人际关系方面的因素。然而，如果你不能用本手册中推荐的方法顺利平息情绪，结果往往会适得其反，导致情绪崩溃升级而非缓解。

与他人产生同调联系需要前脑和中脑的平衡协作[①]。如果中脑（情绪控制中心）功能异常，负责理性的前脑无法将信息传入，这种协作就被破坏了。这就是为什么当情绪崩溃时，你无法感受到同调联系。情绪崩溃时，即使是爱你、包容你的朋友和家人，也可能无法带给你你想要的同调联系和幸福感，于是你可能会感到更加沮丧、被轻视或受伤害。更有甚者，因为此时负责理性的前脑无法正常工作，你可能很容易把过错归咎于他人，认为如果对方真的关心你，他／她提供的安慰本该对你产生作用。而事实是，此时你处于情绪崩溃状态，你自身的理性思考或他人的理性劝告都不会对你起作用。

下表是情绪崩溃和同调联系的失败带来的具体消极后果。

情绪崩溃和同调联系的失败			
无法感受到		无法"听"到	
来自自己的： 安慰 幸福感 宽慰 安抚	来自他人的： 关心 支持 宽慰 安抚	来自自己的： 告诉自己要冷静的理智声音	来自他人的： 劝说你要冷静的理智声音

---

① 见丹尼尔·西格尔（Daniel Siegel）所著《正念之脑》（*The Mindful Brain*）——编者注

表格解释了在寻求他人帮助之前自己先通过应用策略缓解情绪崩溃的重要性，本书第二部分也提供了一些方法。情绪崩溃严重时，别人对你的关心、支持和宽慰很可能作用不大。更糟糕的是，你对此感受到的失望可能会让崩溃升级。反过来，对方提供的支持和解决方案没有被你接受，也会让他们感到无能为力，导致冲突升级：双方都认为自己不被理解，在情绪的汪洋中孤立无援，无法与对方有效沟通。

情绪崩溃：防卫和拒绝

当你在与他人互动时行为失调，出现情绪崩溃现象，情绪往往会主导你们的互动方式。而受情绪崩溃支配的互动会产生两种常见反应。

1. 防卫（defensiveness），即展现对他人的反击欲，表现包括：

➢ 批评

➢ 谴责

➢ 鄙视

➢ 嘲笑

➢ 列举对方的过错

➢ 对过去的争吵或事件翻旧账

2. 拒绝（withdrawal），即拒绝和他人建立联系，主要表现为：

> ➢ 以沉默回应
>
> ➢ 生闷气
>
> ➢ 离开一段时间并拒绝回去

> **注意：**
> 　　在这种情况下，拒绝和暂停是不同的。拒绝时拉开距离的目的是断绝联系。而暂停意味着暂时停止接触，是为了在恢复状态后更好地建立联系。

总之，情绪崩溃如果没有得到控制，会导致的结果有：

> ➢ 阻碍你和他人建立联系
>
> ➢ 阻碍他人和你建立联系
>
> ➢ 在发生冲突时阻碍你与他人的沟通
>
> ➢ 防卫和拒绝会导致不必要的冲突升级和关系破裂

识别你的防卫和拒绝反应

根据下面的列表，识别你在情绪崩溃时的行为特征。在你最常出现的反应前打钩。

防卫：表现为对他人的各种方式的反击。

勾选出你曾出现过的防卫反应：

☐ 批评

☐ 谴责

☐ 鄙视

☐ 嘲笑

☐ 列举对方的过错

☐ 对过去的争吵或事件翻旧账

☐ 其他_____

拒绝：表现为以各种方式拒绝和他人建立联系。

勾选出你曾出现过的拒绝反应：

☐ 以沉默回应（试图用沉默惩罚对方）

☐ 生闷气

☐ 离开房间、家或其他地方一段时间并拒绝回去

☐ 其他_____

使用推荐的方法做出改变

当在一段人际关系中出现情绪崩溃时，你有必要立即使用本手册第二部分介绍的方法，因为情绪崩溃会阻碍同调联系的发生。使用这些方法不仅能帮助你自己，也能帮助他人。用这些方法调节情绪后，负责理性的前脑就可以恢复正常工作了。

认识你对人际关系中情绪崩溃的易感性

现在你已经知道情绪崩溃是如何中断并破坏联系的，那么接下来就该学习如何在情绪崩溃时进行有效干预了。第一步需要了解你对哪些导火索特别敏感，以及它们是如何在你的各种人际关系中出现的。在本手册第二部分的第 8 章中，你会学到应对这些导火索的方法。

早期环境的影响

想要更好地了解你现在对情绪崩溃的易感性，一个关键在于认识你过去的经历是如何让某些导火索敏感化的。彻底了解你生命早期人际关系留下的影响，能够帮助你更好地认识今天的自己。

每个人都会根据以往的经验来预测未来会发生什么。例如，当太阳的位置变低时，你知道它很快就会落山，黑夜将要来临，温度也会降低。因为太阳每天都会东升西落，你清楚这种 24 小时一循环的规律，知道接下来会发生什么。通过了解周围环境中出现的模式，你就可以适应环境。

> 在一切能想到的方式中，家庭是我们联系过去的纽带和通向未来的桥梁。
>
> ——美国作家阿历克斯·哈利（Alex Haley）

模板和总结

你可以总结自己过去的经验并建立模板，用它来观察世界、与周围交流。同样，你也可以根据自己和父母、兄弟姐妹的相处模式，以及在大家庭和社区中的生活经验建立模板，来对与他人相处时可能遇到的情况进行预判。这些模板是你对过去经验的总结，即便有时可能是不太准确的。

比如，你的父亲在刚下班到家时脾气通常会非常暴躁，但在休息一会儿后又会转好。因此，你在有事找他之前，会先让他单独待一会儿。在青少年时期，你会无意识地适应家庭中的情绪氛围，迎合家人们的期望，根据他们的批评和赞美来改变自己。而作为成年人，你会频繁把这些方法应用在和他人的互动中。

但问题是，想要发现你把童年时掌握的哪些策略应用在了如今的关系中，并不是一件容易的事。这些策略可能导致你的认知被扭曲，行为被支配，并可能造成不必要的痛苦。作为成年人，当你在人际关系中做出过度的情绪反应时，你需要问自己，是不是因为使用了以前的应对方法。如果是，请提醒自己，这些方法可能不再适用于现阶段的关系。有了这种意识，你更容易处理好人际关系，也不会轻易陷入情绪崩溃。

> 我们的潜意识似乎没有线性时间的概念……我们和生命早期的照料者之间遗留的问题也会强势地介入［我们成年后的人际关系］。
> ——美国婚姻问题专家哈维尔·亨德里克斯（Harville Hendrix）和海伦·拉凯莉·亨特（Helen LaKelly Hunt）

朱迪发现，每次就某件令她感到困扰的事质问丈夫时，她都会变得焦虑不安。在治疗中她意识到，自己的父亲无法忍耐任何批评，因此当母亲质问他某件事时，他会将其视为批评并进行激烈的反击，经常把母亲气哭。朱迪因此明白，这种当面对抗不利于情绪稳定。但问题是，朱迪并没有意识到她父亲回应批评的方式是消极的，而是在潜意识里产生了对对抗本身的恐惧。她会避免指出别人的问题，一味听从别人的意见，有问题也不会提出来。朱迪过激的情绪反应是对过去环境的适应，但对她成年以后的正常生活非常不利。

下表列出了一些常见的在童年埋下的情绪导火索、对这些经历的偏颇认识、它们会让你付出的代价和你在意识到问题后可以对这些模式建立的新认识。

早期环境	偏颇认识	不良后果	新认识
我父母总是争吵。	婚姻充满冲突，我不想结婚。	当男友谈到婚姻时，我容易情绪崩溃。	父母婚姻不幸福不代表我的婚姻也会不幸福。
我犯错时，母亲对我非常刻薄。	犯错是绝对不行的。我如果犯错了，会受到严厉批评。	犯错时，我容易情绪崩溃。	母亲对我刻薄，但不是人人如此。就算是，我也无须在意。
母亲很在意我的外表。	我只有长得好看，才会被接纳。	意识到别人对我的外表评头论足时，我容易情绪崩溃。	别人会看我的为人，而不只看我的外表。

有这样一句话："如果我歇斯底里，全因痛苦回忆。"你的情绪起伏很多时候是受到过往经历影响的。

评估早期环境影响的练习

为了更好地缓解情绪崩溃，你需要了解在你的早期生活经历中有哪些导致你如今人际关系问题的因素。下面的练习可以帮助你评估在你目前的人际交往中，童年遗留的模式在什么情况下会引发情绪崩溃。

早期环境遗留的情绪导火索评估

在童年时期，

我有	从不	偶尔	有时	经常	总是
□ 被遗弃感	1	2	3	4	5
□ 被背叛感	1	2	3	4	5
□ 被控制感	1	2	3	4	5
□ 被批评感	1	2	3	4	5
□ 被评判／羞耻感	1	2	3	4	5
□ 被误解感	1	2	3	4	5
□ 不被体谅感	1	2	3	4	5
□ 怨恨	1	2	3	4	5
□ 沮丧／无望感	1	2	3	4	5

如果你在某一项中选择了 4 或 5，请在这一项前的方框中打钩。这一项就是你情绪崩溃的导火索之一。当你情绪崩溃时，你需要注意自己目前的反应是如何反映过去遗留的情绪模式的。回

想你的情绪导火索和童年经历，完成下表。这个练习能帮助你促进心态的转变。

重新评估你的行为模板与预期

早期环境	偏颇认识	不良后果	新认识

识别人际关系中的导火索

虽然在人际关系中，问题和困难是不可避免的，但情绪崩溃是可以避免的。接下来，你将试着确定自己情绪崩溃最常见的表现形式。在一些情况中，情绪崩溃可能与你从童年经历中获得的偏颇认识直接相关。在另一些情况中，可能存在其他导火索。最关键的是要明确引起你现在的情绪崩溃的导火索是什么。有了这些认识，你就能更好地阻止自己过度反应，避免情绪崩溃。

虽然与伴侣、子女和父母之间的关系是最有可能引发情绪崩溃的，但与下列对象之间的关系以及互动同样有可能引发情绪崩溃。

> 恋人

> 兄弟姐妹

> 公婆 / 岳父母

> 好友

> 恋人 / 伴侣的朋友

> 同事

> 点头之交

> 服务业从业人员

> 路人（如路上的其他司机、排队时旁边的人）

请根据自己的情况，在下表中选择对应的选项。

人际关系列表

我在下列关系中经历过情绪崩溃：

	从不	偶尔	有时	经常	总是
恋人 / 伴侣	1	2	3	4	5
未成年子女	1	2	3	4	5
成年子女	1	2	3	4	5

母亲	1	2	3	4	5
父亲	1	2	3	4	5
继父母	1	2	3	4	5
姐妹	1	2	3	4	5
兄弟	1	2	3	4	5
公婆／岳父母	1	2	3	4	5
好友	1	2	3	4	5
普通朋友	1	2	3	4	5
恋人／伴侣的朋友	1	2	3	4	5
上司	1	2	3	4	5
下属	1	2	3	4	5
同事	1	2	3	4	5
点头之交	1	2	3	4	5
服务业从业人员	1	2	3	4	5
路人	1	2	3	4	5

记下你选择 4 或 5 的对象，然后完成以下练习。

写下引起你情绪崩溃的人（等级 4 或 5）

1. _____

2. _____

3. _____

4. _____

5. _____

接下来，根据已有名单完成下表。如果空间不足，可以利用附录 C 的附加表格继续填写。

下表列出了可能引发情绪崩溃的情绪导火索，圈出每种导火索对应的数字。

人际关系中的情绪导火索 1

在和_____的关系中，

我有	从不	偶尔	有时	经常	总是
被遗弃感	1	2	3	4	5
被背叛感	1	2	3	4	5
被控制感	1	2	3	4	5
被批评感	1	2	3	4	5
被评判 / 羞耻感	1	2	3	4	5
被误解感	1	2	3	4	5
不被体谅感	1	2	3	4	5
怨恨	1	2	3	4	5
沮丧 / 无望感	1	2	3	4	5

将你选择 4 或 5 的导火索写在下表中。如果超过三个，请用另一张纸继续书写。此外，如果某种情绪较少出现，但一出现就会非常痛苦，也请将其添加到下表中。

导火索	作为反应的痛苦的想法和情绪

通常，导火索引起痛苦的想法和情绪后，你可能会做出防卫或拒绝反应（见第 62～63 页的行为清单）。

根据上表中的导火索，描述你的防卫或拒绝反应。

导火索	防卫或拒绝反应

人际关系中的情绪导火索 2 ━━━━━━━

在和_____的关系中，

我有	从不	偶尔	有时	经常	总是
被遗弃感	1	2	3	4	5

被背叛感	1	2	3	4	5
被控制感	1	2	3	4	5
被批评感	1	2	3	4	5
被评判 / 羞耻感	1	2	3	4	5
被误解感	1	2	3	4	5
不被体谅感	1	2	3	4	5
怨恨	1	2	3	4	5
沮丧 / 无望感	1	2	3	4	5

将你选择 4 或 5 的导火索写在下表中。如果超过三个，请用另一张纸继续书写。此外，如果某种情绪较少出现，但一出现就会非常痛苦，也请将其添加到下表中。

导火索	作为反应的痛苦的想法和情绪

通常，导火索引起痛苦的想法和情绪后，你可能会做出防卫或拒绝反应（见第 62～63 页的行为清单）。

根据上表中的导火索，描述你的防卫或拒绝反应。

导火索	防卫或拒绝反应

人际关系中的情绪导火索 3 ━━━━━━

在和_____的关系中，

我有	从不	偶尔	有时	经常	总是
被遗弃感	1	2	3	4	5
被背叛感	1	2	3	4	5
被控制感	1	2	3	4	5
被批评感	1	2	3	4	5
被评判／羞耻感	1	2	3	4	5
被误解感	1	2	3	4	5
不被体谅感	1	2	3	4	5
怨恨	1	2	3	4	5
沮丧／无望感	1	2	3	4	5

　　将你选择 4 或 5 的导火索写在下表中。如果超过三个，请用另一张纸继续书写。此外，如果某种情绪较少出现，但一出现就会非常痛苦，也请将其添加到下表中。

导火索	作为反应的痛苦的想法和情绪

通常，导火索引起痛苦的想法和情绪后，你可能会做出防卫或拒绝反应（见第 62～63 页的行为清单）。

根据上表中的导火索，描述你的防卫或拒绝反应。

导火索	防卫或拒绝反应

人际关系中的情绪导火索 4

在和＿＿＿＿＿＿＿＿的关系中，

我有	从不	偶尔	有时	经常	总是
被遗弃感	1	2	3	4	5
被背叛感	1	2	3	4	5
被控制感	1	2	3	4	5
被批评感	1	2	3	4	5
被评判 / 羞耻感	1	2	3	4	5

被误解感	1	2	3	4	5
不被体谅感	1	2	3	4	5
怨恨	1	2	3	4	5
沮丧/无望感	1	2	3	4	5

将你选择 4 或 5 的导火索写在下表中。如果超过三个，请用另一张纸继续书写。此外，如果某种情绪较少出现，但一出现就会非常痛苦，也请将其添加到下表中。

导火索	作为反应的痛苦的想法和情绪

通常，导火索引起痛苦的想法和情绪后，你可能会做出防卫或拒绝反应（见第 62～63 页的行为清单）。

根据上表中的导火索，描述你的防卫或拒绝反应。

导火索	防卫或拒绝反应

要点总结

- 人际关系会引发情绪崩溃，无论是在和最亲近的家人还是陌生人的交往中。

- 当中脑功能异常时，和他人建立联系的能力便中断了。换句话说，被情绪压倒时，你便失去了同调联系的能力。

- 本手册第二部分将提供一些方法。在寻求他人帮助之前，你需要先使用这些方法来缓解情绪崩溃的状况。你深陷情绪崩溃时，他人给予你的关怀、支持和宽慰很可能作用不大。

- 童年时期与父母、其他监护人、兄弟姐妹和其他亲属相处的经验让你形成了人际关系模板。你会根据这些模板对他人产生预期。

- 你现在过度的情绪反应可能源于过去那些被你忽略的经历的影响。

- 掌握本手册推荐的方法后，你将采取科学的策略发展良好的人际关系，维护自身心理健康。

第二部分

自我调节

THE ROAD TO CALM

第 4 章

每日压力接种

孰能浊以静之徐清？

——《道德经》

成功缓解情绪崩溃的关键是引入并反复练习一套简单而成体系的流程——"每日压力接种"（Daily Stress Inoculation）。每日压力接种是一种日常练习方法，其机制是通过降低紧张和焦虑的基准水平来降低整体情绪反应水平。通过每日压力接种，你在日常生活中会变得更坚韧和冷静，这样一来，情绪崩溃和人际关系中的冲突会大大减少；而如果未进行此练习，当基准应激水平较高时，情绪崩溃和人际关系中的冲突就会接踵而至。不过，仅仅认识到每日压力接种对你有好处并不能保证你实现上述目标。因此，本章还给出了能帮你定期进行每日压力接种的方法。

每日压力接种的益处

引导身心放松主要有四点益处：平衡自主神经系统（autonomic nervous system，ANS）、调节压力激素水平、进入脑波最佳活动状态以及你将在后面章节学习到的提高"暂停时间"的有效性。

平衡自主神经系统

自主神经系统有三个组成部分，其中包括交感神经系统（sympathetic nervous system，SNS）和副交感神经系统（parasympathetic nervous system，PNS）。这两个系统是我们接下来的重点讨论对象。交感神经系统和副交感神经系统相对应而存在，在功能上互相补足。交感神经系统就像油门，会在需要采取行动保护你人身安全时充分调动起你的身体系统。这样一来，如果你受到威胁，你的身体就能做出"战斗-逃跑反应"。激活交感神经系统会让你心跳加速，释放让你浑身充满能量的激素，如去甲肾上腺素（norepinephrine），以确保协助身体行动（与"战斗-逃跑反应"相关）的肌肉群得到氧气和能量。当交感神经系统处于兴奋状态时，你会精神振奋，保持高度警觉，并随时准备对周围环境做出反应（见图4.1）。

副交感神经系统就像刹车，能够制动兴奋状态下的交感神经系统。如果没有刹车装置，踩油门的行为会变得很危险。从理论上说，当警报解除时，副交感神经系统会对交感神经系统的兴奋

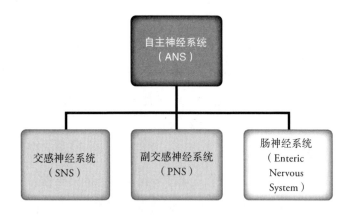

图 4.1　自主神经系统

状态进行平息，通过释放神经递质让身体冷静下来的方式以实现这一点，比如降低心率和恢复正常消化活动。交感神经系统活跃时，正常的消化活动处于停止状态，因为能量都被用来调动身体做出防御反应了。副交感神经系统被激活后会向身体发出信息，告诉身体可以放松了，这样你从骨骼肌到心率都会恢复到放松状态，让你真正冷静、放松下来。

但如果你易受情绪崩溃的影响，交感神经系统就会长期处于过度兴奋状态。交感神经系统总是超负荷运转，副交感神经系统却无法对其进行制动。这样一来，你实际上一直处于高度警觉状态，更容易被日常生活中微不足道的小事引发反应。从心理生理学上讲，长期处于这种状态之下的人发生情绪崩溃是很正常的。

此外，交感神经系统的高度活跃可能会导致生理疾病。长期激活交感神经系统、使其处于过度兴奋状态，可能会导致身体不适，如频繁的胃部不适及其他胃肠道疾病、肌肉酸痛和紧张性头痛等。当交感神经系统的持续激活是源于广泛性焦虑障碍等焦虑问题或创伤后应激障碍时，这种情况格外显著。因此，如果副交感神经系统未及时发挥刹车作用，让身体进入平静、放松的状态，你在生理和心理方面都会饱受煎熬。

你可以通过每日压力接种训练来让副交感神经系统顺利刹车。从本质上讲，这相当于在给刹车踏板上润滑油，并对两个系统组成的引擎做微调，从而使这两个互补的系统再次实现最优配合。

调节压力激素水平

交感神经系统的长期高度活跃也会给压力激素水平造成消极影响。上文提道，交感神经系统在被激活时会释放去甲肾上腺素等激素。这些激素充当化学信使，能促进身体被更快地调动起来。当交感神经系统长期处于过度兴奋状态时，压力激素水平会升高并在体内循环。这可能会让你对周围环境更加敏感，让你更加紧张、焦虑，更易情绪崩溃。此外，上文也提道，压力激素水平升高会让交感神经系统长期处于激活状态，引发身体不适，如胃肠道疾病或慢性肌肉紧张引起的疼痛。

每日压力接种能让交感神经系统与副交感神经系统被激活时的配合作用最大化，从而减少释放到身体系统中的压力激素。同时，实施每日压力接种会加速分泌对身体起保护作用的神经化学物质——如5-羟色胺，一种与积极情绪相关的物质。我们在《爱情中的焦虑》一书中也提道，你如果每天进行冷静训练，就能改变内稳态（homeostasis）。就像你的体温会一直维持在36.7℃左右一样，在日常计划中加入每日压力接种的练习能够降低你对压力的反应的基准水平，从而调节你的内稳态。借助每日压力接种，你可以让释放到你身体系统中的神经化学物质变得平衡。

进入脑波最佳活动状态

定期实施每日压力接种还会激发平静、放松状态下的脑波模式。脑波由数百万脑细胞通过微弱的电流相互交流而产生。这种电流活动在脑细胞中表现为波状，而在不同精神状态下也存在差异。例如，β 波对应压力、焦虑和担忧，而 α 波和 θ 波则对应平静和放松。

如果交感神经系统长期处于激活状态，那么你的脑中很有可能产生一系列 β 波活动，而每日压力接种能让脑波切换到 α 波和 θ 波的状态，因此也可以说，你在帮脑细胞随着不同鼓手的节拍行进。

每日压力接种的具体做法

每日压力接种有五个步骤：

➤ 转动眼球，集中注意力

➤ 握紧拳头，释放紧张情绪

➤ 专注呼吸，放松神经系统

➤ 构建安全区，进行深度放松

➤ 自我肯定，巩固努力成果

转动眼球

目的：

➢ 干预身体和情绪的反应强度。

➢ 集中注意力。

➢ 提高对积极建议的反应能力。

转动眼球的做法源自临床催眠领域的领军人物、精神病学家赫伯特·施皮格尔（Herbert Spiegel）的研究。他起初是通过观察被试的眼球转动来判断其催眠易感性的。[①] 这种方法也有助于快速集中注意力，停止情绪蓄积。[②]

转动眼球时，眼睛可以睁开，也可以闭合。如果你想在公共场合使用该方法，可以选择闭眼做。转动眼球可以快速减压，这样你就不必特地停下手中的工作了。

少数人转动眼球时会感到眼部肌肉紧张导致的不适，但其实出现肌肉紧张感很正常。如果你的不适感十分强烈，你可以减小眼球转动的力度。

---

① 见施皮格尔论文《对催眠易感性的眼球转动测试》（An Eye-roll Test for Hypnotizability）。——编者注
② 见戴奇《情绪调节工具箱》。——编者注

要领：

1. 向上转动眼球，想象自己在凝视眉心正中央。

2. 在向上转动眼球的同时，慢慢地深吸一口气。

3. 保持眼睛向上看，屏住呼吸几秒钟，然后将眼球转回原位，同时放松眼部并呼气。

握紧拳头

目的：

➢ 迅速缓解肌肉紧张。

➢ 迅速释放压力、焦虑、恐惧、担忧、愤怒和沮丧。

握紧拳头的作用原理是通过绷紧身体来实现冷静。当你反应过度时，你很难冷静下来，这类似牛顿第一运动定律阐述的原理——运动中的物体会保持运动状态。你一旦反应过度，是很难阻止自己继续在反应过度的轨道上前进的。想反向运动，也就是让交感神经系统冷静下来而非保持兴奋状态，更是难上加难。握拳练习是对人在激动状态下自然产生的身体紧张倾向的活用。放松肌肉的方法之一便是先让这种紧张感加剧。握拳练习会将全身的紧张感集中到拳头上，然后释放，从而获得放松感。随后，握拳练习会借助可视化（visualization）的方法来提高效果。

要领：

1. 想象你所有的焦虑、恐惧和肌肉紧张感都被引导到惯用手上。

2. 将那只手握成拳，握紧，体验紧张感。

3. 加大力度，把拳头握得更紧。

4. 想象这些紧张感变成某种液体（颜色由你指定）。这股液体象征着你的苦恼、焦虑以及全部的身体不适。

5. 想象你的拳头吸收了所有液体，或者说全部的消极情绪和不适。

6. 慢慢松开拳头，每次只松开一根手指。想象这股彩色的液体流到地板上，又渗过地板进入土壤，最后被吸到土壤深处。

7. 你可以反复尝试握拳再释放液体的步骤，注意区分紧张和放松状态。

8. 用另一只手重复以上练习。

专注呼吸

觉受来又去，如云行空际。正念之呼吸，将我心舟系！

——释一行禅师（Thich Nhat Hanh）

目的：

➢ 实现自我安慰。

➢ 产生放松感。

➢ 转移对消极想法、情绪或身体感觉的注意。

专注呼吸、放慢呼吸频率不失为一种能让神经系统冷静下来的简单、高效的方法。人在持续紧张或焦虑反应增多时往往呼吸急促，情绪稳定时则呼吸平缓。

用呼吸消除紧张的方法有很多。有的很简单，比如耐心观察自己的呼吸而不去调整它的节奏。很明显，这一过程是为了放慢呼吸频率，但这并不是唯一目的。

另外，专注呼吸还能转移注意力，让你远离消极想法、情绪或身体感觉，也能激活副交感神经系统，让你恢复冷静。

 要领：

1. 观察你的呼吸，不对其做调整。

2. 注意呼吸的温度、节奏和速度。

3. 每次吸气时默念"没事"，每次呼气时默念"放松"。

4. 在吸气和呼气时体验漂浮般的感觉。

5. 注意在观察自己的呼吸时产生的轻松感。

练习前三个方法

现在，你已经熟悉了每日压力接种的前三个方法，可以先进行一番练习了。找一个舒适、安静的空间，坐下来，享受对转动眼球、握紧拳头和专注呼吸的第一次连续练习。尝试一至两遍后，就可以继续下一个方法——构建安全区的学习了。

构建安全区

目的：

➢ 获取安慰，干预反应过度的大脑。

➢ 提供在需要时能够轻松获取的积极、放松、安慰感。

➢ 想象一处你觉得安全的环境或场所。

➢ 运用想象去体验这个理想的环境，从而提高自信、掌控和赋能感。

以下练习会帮助你构建自己的心理安全区，即每日压力接种练习结束后你会回到的地方。在构建心理安全区的过程中，你会被引导设定一种提示线索，以快速唤起你对这个安全区的外观、气味、声音的认识和想象，让你随时都能迅速进入它。

你心中理想、值得信赖的安全区可能会出乎你的意料，而且可能每天都不一样。某一天可能感觉某个安全区最合适，第二天又感觉另一个安全区最合适，这种现象背后有多种原因，但你也可能更喜欢每天回到同一个安全区。总之，你可以自由构建你的安全区，并按照自己的意愿定期重建安全区，只要不是无所作为就好。

要构建安全区，就要运用想象和可视化手段来进入一种平静、安宁的状态。在这种状态下，你能体验到充分的轻松和幸福感。通过想象自己身处一个能够放松身心的地方，你就能迅速将身体和思维调整至这种状态。可视化成功的关键在于调动所有感官。你对安全区的外观、气味、声音的想象的细节越多，感觉就越真实。感觉越真实，这个方法的效果就越好。当对安全区的体验已经存在于你脑海中时，调动你所有感官的行为实际相当于唤起了这个体验。

 要领：

1. 集中你的全部注意力，建立一个温暖、舒适的心理安全区。它可以是你记忆中的地方，也可以是你想象出的地方。

2. 想象这个地方的所有感官细节：

　　√ 外观（颜色、形状、色调、光影等）

　　√ 声音（风声、海浪声、流水声、鸟叫声等）

　　√ 气味（花香、香水味、食物香气等）

　　√ 触感（温度、脚下或身体下的感受等）

3. 选择一个能让你想起自己的安全区和与之相关的舒适感的文字或视觉提示。例如，你可以选择提示语

"蓝色大海"，或一艘帆船的图案。

现在，你已经熟悉了构建心理安全区的要领。接下来，让自己处于舒适的状态，准备放松，然后练习创造你的全新空间。

自我肯定

目的：

➢ 发挥言语的力量。

➢ 认识到并肯定你每天为降低基准应激水平的努力。

➢ 识别能够进行自我赋能的想法并将其付诸行动。

言语是有力量的。积极的自我肯定被称为"自述"，有助于增强你的目的性，并为你采取的积极行动提供具体方法。自述是本手册给出的12种方法之一，在利用这12种方法平息情绪崩溃的过程中会发挥关键作用。在本书接下来的章节中，你会更熟悉自述背后的原理及其使用方法。不过，你现在就会开始用到它了。

下面是每日压力接种结束时你要引导自己进行的自述。花几分钟熟悉一下这些用作收尾的自我肯定的句子，把它们用在每日压力接种练习中。

我花了时间照顾自己。

我正在采取行动降低我的基准应激水平。

我正在采取行动增加对我有保护作用的神经化学物质。

我保持着做每日压力接种练习的习惯。

我主动让自己慢慢放松、镇定、平静下来。

我在每日压力接种练习后会冷静和坚韧一整天。

做每日压力接种练习

现在，你已经学会了转动眼球、握紧拳头和专注呼吸的方法，构建了心理安全区，并熟悉了自我肯定的收尾方法。接下来，请找一处安静、舒适、不受干扰的地方坐好，放松下来，享受每日压力接种的整个过程。

回顾一下，做每日压力接种练习时，你需要遵循以下五步：

- ➢ 转动眼球
- ➢ 握紧拳头
- ➢ 专注呼吸
- ➢ 构建安全区
- ➢ 自我肯定

如何养成习惯

改变一个习惯要花40天，养成一个习惯要花120天，若想要新习惯融入你的生活则需要1000天。

——瑜伽大师沙克塔·高尔·卡尔萨（Shakta Kaur Khalsa）

选择适宜环境。和暂停时间一样，你为每日压力接种练习选择的环境要有助于放松。确保你选择的地点能让你感到舒适、放松、有安全感。你也可以对用来进行每日压力接种练习的场所做一番装饰。有的人会点蜡烛或熏香，有的人会拿来最喜欢的枕头或毯子，总之，只要能给你带来更好的体验，任何装饰都可以。

请勿打扰！为练习每日压力接种，你要单独为自己留出15分钟的时间。不妨这样想：每天仅用15分钟，你就为自己建造了一个迷你庇护所。在这里，你会为自己做一套舒缓身心的情绪按摩，并进行有助于深度放松的练习。此外，我们建议你在这15分钟时间内把手机静音。

如果你是在家里做每日压力接种练习的，最好提前告诉家人你想独处一会儿，非紧急情况不要打扰。有的人会在门口挂上"请勿打扰"的标志，用来提醒其他家庭成员，不要在你进行每日压力接种练习的时候突然闯入。

当然，最理想的情况是挑一个不太可能被打扰的时间和地点进行每日压力接种练习。例如，如果你打算在上班时利用休息时间进行每日压力接种练习，那就尽量找一个你确定比较私密、不受打扰的空间。

建立一套仪式。人是习惯的生物。每日压力接种练习与日常生活规划的融合程度越高，你就越有可能每天坚持。因此，你可以将每日压力接种融入早晚的生活习惯中，比如在准备开启新的一天或者一天结束准备睡觉时进行每日压力接种练习是很有帮助的。

你如果希望将每日压力接种融入你的日常工作中，可以制定两套独立的接种仪式：一套用于工作日，一套用于休息日。要知道：你做每日压力接种练习的次数越多，越能坚持，就越有可能达到满意的效果。

设置提醒。 浴室镜子上的贴纸、手机或电脑上设置的通知、智能手表上设置的闹钟等视觉或听觉提醒都可以帮你想起每日压力接种练习。尤其在你刚开始做练习，还没有将其培养成固定日常习惯的情况下，就更有必要设置提醒了。

记录练习成果。 刚开始做每日压力接种练习时，记录下你坚持练习的日期（和没做练习的日期），这样一来，当你看到记录着自己努力的已完成清单时，就能直观地看到自己的成果。这不失为一种获得成就感的好方法。如果你在坚持做每日压力接种练习时遇到困难，这种记录成果的做法也很有帮助。

勾选出坚持练习的日期后，你可能会发现一些规律。这些规律也许能帮你找到有助于坚持每日压力接种练习的要素，反过来可能也会帮你找到导致你没做练习的原因。这样，你就可以利用这些认识来避开这些陷阱，提高成功率了。

每日压力接种日志

刚开始练习每日压力接种时，你可以使用如下日志，勾选出你完成练习的日期。

第1周	第2周	第3周	第4周
第1天 □	第1天 □	第1天 □	第1天 □
第2天 □	第2天 □	第2天 □	第2天 □
第3天 □	第3天 □	第3天 □	第3天 □
第4天 □	第4天 □	第4天 □	第4天 □
第5天 □	第5天 □	第5天 □	第5天 □
第6天 □	第6天 □	第6天 □	第6天 □
第7天 □	第7天 □	第7天 □	第7天 □

要点总结

- 进行每日压力接种练习可以降低你的基准应激水平，降低你对情绪崩溃的易感性。
- 你可以使用以下方法获得成功：
    - √ 进行每日压力接种练习时，选择有助于休息、放松的环境。
    - √ 选择让你不容易受到干扰的时间和地点。
    - √ 将每日压力接种练习融入日常习惯。
    - √ 使用便笺或手机等为自己设置提醒，以确保不会忘记练习，尤其在刚开始培养习惯的时候。
- 使用本手册提供的日志等记录你的练习成果。

THE ROAD TO CALM

第 5 章

STO：让自己冷静下来的 基本做法

STOP 方案是一种明确、具体、简单的行动方案，可以改善你在情绪崩溃时的感受，终止中脑的失控状态。

STOP方案

➢ S——扫描（scan）：扫描你的身体在情绪崩溃发生或即将发生时的想法、情绪、行为和感觉。

➢ T——暂停（time-out）：暂停一下。

➢ O——应对（overcome）：使用快速干预措施应对早期的情绪崩溃，避免失控情绪升级。

➢ P——实践（practice）：将12种方法付诸实践。

读完本章后，你将掌握 S、T、O 三个方案，即扫描、暂停和应对早期情绪崩溃。在第 6 章，你将学习 12 种方法。在第 7 章和第 8 章，你将学习方案 P，也就是如何将这些方法付诸实践。在学习 STOP 方案的最后一部分内容之前，你必须掌握前三个让自己冷静的方案。最后的方案 P 需要根据你面对的特定应激源选择对应的情绪调节方法。前三个帮助你冷静下来的方案见效快、易实施，并会在你使用 12 种方法前起效（见图 5.1）。

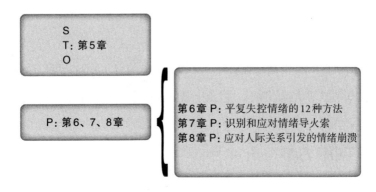

图 5.1　STOP 方案的分章介绍

S：扫描想法、情绪、行为和感觉

即便是山洪暴发也会有预警信号，比如天边堆积着乌云、天色逐渐变暗，再比如远方会传来隆隆的雷声，还能听到湍急的水流在奔涌、汇集。无论洪水来势多么迅猛，都会有种种迹象可循。情绪的洪流也是如此。情绪崩溃往往发生在瞬息之间，因此不易察觉，直至你身处来势汹汹的情绪洪流的裹挟中。但情绪崩溃也有预兆。与其被自己的情绪洪流冲垮，不如先养成扫描自己想法、情绪、行为和感觉的习惯，哪怕当时看起来一切正常。这种做法能让你预料到情绪崩溃的发生，从而有机会使用本手册后面将要介绍的方法让自己冷静下来。

扫描方法：

➢ 熟悉自己的情绪崩溃档案（见后文）。

➢ 每天即使一切正常，也要抽空扫描你的想法、情绪、行为和感觉几次。

➢ 一旦意识到消极情绪的出现，就更要严格地执行扫描步骤。

创建你的情绪崩溃档案

这一节内容会帮你明确和理解你的情绪崩溃档案。准备一支笔，列出你的情绪崩溃指标清单。指标分为四类：想法、情绪、行为和身体感觉。

想　法

你的想法反映了你现在和过去的经历，体现出你对未来的期望，同时也体现了你处理来自外部和内部环境的信息的方法。因此，当你的身体系统即将或已经反应过度时，多留心自己的想法可以让你意识到当下的情况。以下是情绪崩溃时经常出现的想法。选出符合你情况的，也可以在横线处补充其他想法，并加入你的情绪档案。

➢ 我受不了了。

➢ 这是一场灾难。

> 我接受不了这个。

> 我今天早上就不该出门。

> 我不知道该如何是好了。

> 我对这件事会永远有阴影的。

> 这样下去不会有好结果。

> 我必须_____（获得某些事物／进行某些活动）。

> 我搞不定这件事。

> 我想大叫。

> 我不可能把这些都做完。

> 我要失控了。

> 我现在想摔东西。

> 我真的很想抓住他／她拼命摇晃。

> 我感到无助。

> 我觉得自己很虚弱。

> 今天谁对我出言不逊，我就给他／她好看。

> 求求今天千万别出什么差错，不然我会受不了的。

> 我的心脏要跳出胸膛了！

_____

_____

_____

情　绪

情绪是一种带来丰富感受、强度不一的心理体验。情绪很短暂。如果你等待的时间足够长，它就会消失。虽然强烈、痛苦的情绪确实只持续几分钟就会过去，但如果处在这种情绪之中，我们会感觉这种状态好像永远不会改变。情绪会掩盖逻辑和理性。仅仅是告诉自己"你应该这样想"是不够的，因为你的情绪不一定会听你的话。除此以外，你还可能同时体验到多种矛盾情绪，比如一件你觉得本该让你感到幸福、满足的事情可能会引发幸福、沮丧、不安的情绪组合。因此，与其试图控制或支配自己的情绪，不如观察自己不断变化的情绪状态并做出回应。

想仔细观察，首先要知道观察的对象是什么。以下是情绪崩溃时经常出现的情绪。选出符合你情况的，也可以在横线处补充其他常见的情绪或想法的组合，并加入你的情绪档案。

恐惧　惊恐　恐慌　紧张　疑虑　惊惶　担忧　焦虑　不安　警惕
生气　愤怒　狂怒　憎恨　沮丧　恼火　怨恨　不耐烦　烦躁　悲伤
悲痛　忧伤　绝望　无望　无助　羞耻　畏惧　无能　失败　精疲力竭

_____

_____

_____

行 为

行为是将你的想法、情绪和感觉付诸实践的方式。例如，难过的时候，你可能会咬指甲或摆弄车钥匙；烦躁的时候，你可能会对同事说话不客气；如果心跳加速，你可能会停下手边的工作，上网搜索可能的原因，将全部注意力集中在这个新出现的痛苦感觉上。

下面是情绪崩溃时经常出现的行为。选出符合你情况的，也可以在横线处补充更多你情绪崩溃时的具体行为，并加入你的情绪档案。例如，你可以详细记录自己制造或加剧矛盾，或者自我孤立的具体方式。如果空白不足，可记录在新的纸上。

> 对朋友 / 家人 / 同事 / 陌生人恶语相向

> 挑起争执

> 加剧矛盾

> 暴饮暴食

> 酗酒

> 做重复性动作或行为（比如咬指甲、摆弄物品）

> 坐立不安

> 滥用娱乐性药物

> 冲动消费

> 行动、说话不过脑

> 进行危险的性行为

> ➤ 与人冷战

> ➤ 自我孤立

> ➤ 咬紧牙关或肩膀收紧

_____

_____

_____

身体感觉

当你体验到强烈的情绪或受情绪影响而产生某些想法时，你的身体会出现相应的反应。不过，和很多人一样，你可能并没有意识到自己身体发出的信号，从而忽略了这个能反映你情绪状态的宝贵资源。或者，如果你容易焦虑，你可能非常清楚自己的身体感觉，但会对这种感觉反应过度，误解了其含义。

下面列出的是经常伴随情绪崩溃出现的身体感觉。圈出你熟悉的情况，也可以在横线处补充你在情绪崩溃时的其他感受，并加入你的情绪档案。

> ➤ 胸闷

> ➤ 头晕

> ➤ 颤抖

> ➤ 心跳加速／剧烈

> ➤ 恶心

> ➤ 冒冷汗

> ➤ 手脚刺痛

> ➤ 手脚冰冷

> ➤ 肌肉无力

> ➤ 肌肉紧张／紧缩

➤ 胃痛 / 痉挛   ➤ 疲惫 / 脱力

➤ 忐忑不安   ➤ 动作迟缓

➤ 胃部不适   ➤ 晨起困难

➤ 潮热

_____

_____

_____

　　你的想法、情绪、行为和身体感觉都会引发"战斗-逃跑反应"。正如第 4 章中所言,当你感到自己的人身安全或生活质量可能面临威胁时,你的交感神经系统就会被激活。它会为身体提供所需的"燃料",比如包括肾上腺素和去甲肾上腺素在内的化学信使,以便及时应对威胁,保护身体免受伤害。正是因为有交感神经系统,我们才能做出"战斗-逃跑反应"。因此,情绪崩溃时产生的身体感受,如强烈的愤怒或恐惧感,都是交感神经系统兴奋下的产物。例如,人在兴奋时,交感神经系统会引导血液流向主要肌肉群,便于身体做出"战斗-逃跑反应"。同样,人在愤怒时,由于交感神经系统的调动作用,身体会感觉能量激增,因此会产生用四肢动作来表达愤怒的倾向。交感神经系统兴奋同样会提升身体各部位的供氧量,从而促进身体的防御系统工作。这就是为什么身体做出"战斗-逃跑反应"时,呼吸和心率往往也会随之加快。不过,如果你感到十分焦虑,这些身体感觉也会导致惊恐发作。例如，对激活交感神经系统会引发心脏病或其他健康问题的担忧，往往会让情绪崩溃现象恶化，让你承受更多情绪上的痛苦。

因此，在应对情绪崩溃时，了解"战斗-逃跑反应"机制十分重要，因为在愤怒和焦虑引发的情绪崩溃中，许多身体感觉（下文会讨论到）都与交感神经系统兴奋直接或间接相关。

与此同时，交感神经系统的制动器——副交感神经系统会使身体机能变缓、头脑冷静下来，从而抵消交感神经系统的兴奋作用。两系统完美配合，使得身体可以在危险来临之际被调动起来，并在危险消失后恢复平静。然而，情绪崩溃时，副交感神经系统往往无法运作。即便你很想降低交感神经系统的兴奋度，它仍会处在兴奋状态。这时，STOP 方案可以教你如何激活副交感神经系统。因此，学习并运用这些方法能帮助你利用神经系统中的制动器来平息情绪崩溃。

交感神经系统并非在所有类型的情绪崩溃中都起着关键作用。悲伤、无助和绝望同属于一种不伴有焦虑或愤怒的情绪崩溃类型，通常不会激活交感神经系统。话虽如此，处在这种情况下，你依然需要让自己冷静下来。这时让副交感神经系统保持运作仍然十分重要。它能让掌管逻辑的前脑发挥作用，让你理性对待自己的情绪，从而重归平静。

不管情绪崩溃会带来恐惧、愤怒、悲伤还是其他什么情绪，识别出这些情绪伴随的身体反应是个好习惯。这些身体感觉是预示着将发生情绪崩溃的警告信号。于是，在反应失控之前，你可以及时运用一些策略激活副交感神经系统。

T：情绪崩溃时暂停一下

扫描完你的想法、情绪、行为和身体感觉，并意识到你正处于反应过度的状态后，STOP 方案的下一步是暂停。"课间休息"不只是孩子们的专属。本手册中所有干预措施的基本前提是，你不可能在一瞬间轻轻松松扭转情绪崩溃现象。情绪飙升时，你需要停止活动，好好休息。你如果不暂停片刻，舒缓一下绷紧的神经系统，让思绪冷静下来，就不太可能减轻条件反射般的情绪反应。暂停能给你足够的时间换个视角，重新审视自己的反应。

要想实现有效暂停，你还必须制订一个明确的行动计划，毕竟等洪水涌到眼前才开始规划撤离路线就太迟了。同样，提前准备一份暂停计划也便于它的实施。以下提示和指导原则能帮助你成功暂停。

暂停场所的选择标准：

➢ 私密，在此处你不会受到干扰。

➢ 舒适、宁静，有抚慰人心的力量（如果你在公共场所，可以去洗手间独处）。

允许自己中途暂停片刻：

➤ 与伴侣、好友或家人在一起时，你可以提前把 STOP 方案
的步骤介绍给他们，这样他们就会理解你为什么要中途离
开了。

➤ 与同事或点头之交在一起时，去洗手间是一种无须解释
就能迅速离开当前位置、从社交角度看可以接受的选择。
另一种选择是解释说你需要休息片刻，然后找一处私密
空间。

你如果找不到供你暂停的地方，可以使用下一个方案平复
情绪。

O：应对早期情绪崩溃

> 当你让思想安静下来，灵魂就会说话。
>
> ——瑜伽大师玛·加雅·萨蒂·巴加梵蒂
>
> （Ma Jaya Sati Bhagavati）

在你选择的暂停场所安顿好后，即便你依然没有获得完全的
私人空间，STOP 方案的 O——应对早期情绪崩溃——也能迅速
打断即将到来或已经全面来袭的情绪崩溃。

你已经在每日压力接种部分学习并练习了转动眼球、握紧拳

头和专注呼吸的方法，在暂停期间，你还将使用这些让你快速冷
静下来的方法应对早期情绪崩溃。这三个方法可以迅速舒缓高度
紧张的情绪，而且不论什么时候使用 STOP 方案，这三个方法都
十分有效。

为方便你使用本手册，我们复习一下每个方法的要领。

转动眼球要领：

1. 向上转动眼球，想象自己在凝视眉心正中央。

2. 在向上转动眼球的同时，慢慢地深吸一口气。

3. 保持眼睛向上看，屏住呼吸几秒钟，然后将眼球转
   回原位，同时放松眼部并呼气。

握紧拳头要领：

1. 想象你所有的焦虑、恐惧和肌肉紧张感都被引导到
   惯用手上。

2. 将那只手握成拳，握紧，体验紧张感。

3. 加大力度，把拳头握得更紧。

4. 想象这些紧张感变成某种液体（颜色由你指定）。这
   股液体象征着你的苦恼、焦虑以及全部的身体不适。

5. 想象你的拳头吸收了所有液体，或者说全部的消极
   情绪和不适。

6. 慢慢松开拳头，每次只松开一根手指。想象这股彩色

的液体流到地板上，又渗过地板进入土壤，最后被
吸到土壤深处。

7. 你可以反复尝试握拳再释放液体的步骤，注意区分
紧张和放松状态。

8. 用另一只手重复以上练习。

 专注呼吸要领：

1. 观察你的呼吸，不对其做调整。

2. 注意呼吸的温度、节奏和速度。

3. 每次吸气时默念"没事"，每次呼气时默念"放松"。

4. 在吸气和呼气时体验漂浮般的感觉。

5. 注意在观察自己的呼吸时产生的轻松感。

微暂停的STOP方案

 目的：

➤ 建立持续抗压能力。

➤ 重置神经系统，唤起每日压力接种时实现的冷静
状态。

➤ 养成暂停的习惯。

"微暂停"是一种预防性方法，因为通过这一部分练习，你

可以掌握在一天中任何时候都能恢复冷静的能力。一天进行 3～5
次微暂停练习能够重新唤起你在练习每日压力接种时达到的平衡
状态，这样你就可以对抗每个人都会在日常生活中自然积累的压
力了。做微暂停练习时，你会用到三个应对早期情绪崩溃的方法，
以自我肯定的自述收尾。每天给自己几分钟时间，按几次刷新键，
就能获得一些冷静，是会令人感到很满足的。此外，培养将微暂
停练习穿插到日程表中的习惯非常重要。这样一来，当情绪崩溃
不可避免地出现时，你更有可能及时启动 STOP 方案和所需的暂
停环节。这些让你快速冷静下来的方法你练习得越多，其效果就
越显著。微暂停也能提高你正式暂停时的效果，让你更好地控制
情绪崩溃。

微暂停要领：

1. 凭记忆练习转动眼球、握紧拳头、专注呼吸的方法。

2. 用自我肯定的自述收尾，结束练习。例如"我能控
   制我的反应"或者"我能抽出时间做微暂停练习，
   我为自己骄傲"。

为微暂停创造条件

微暂停有两种方式。第一种是在固定时间或环境中练习，第
二种是将其插入每天的日程或利用偶尔的空闲时间练习。以下是
你可以进行微暂停练习的一些时间。

➢ 等电脑开机时

➢ 吃午餐或喝咖啡时

➢ 刷牙前

➢ 早晨走进办公室前或下班推开家门前

➢ 等待电话接通时

请在下面写出你每天四次练习微暂停的时间。

微暂停时间表

1.＿＿＿＿＿＿＿＿＿＿＿＿＿＿＿＿＿＿＿＿＿＿＿＿

2.＿＿＿＿＿＿＿＿＿＿＿＿＿＿＿＿＿＿＿＿＿＿＿＿

3.＿＿＿＿＿＿＿＿＿＿＿＿＿＿＿＿＿＿＿＿＿＿＿＿

4.＿＿＿＿＿＿＿＿＿＿＿＿＿＿＿＿＿＿＿＿＿＿＿＿

要点总结

- 使用情绪崩溃档案来帮你实施 STOP 方案，并扫描预示你即将反应过度的想法、情绪、行为和身体感觉。

- 有需要时，及时利用 STOP 方案来暂停。

- 告诉身边亲近的人，你会在有需要时用 STOP 方案来暂停。

- 在家里和工作场所选择一个私密、舒适的地点来应用 STOP 方案。

- 成功的秘诀是，一旦出现需要，就随时用 STOP 方案来暂停。虽然在私密、安静的时间和地点更容易暂停，但在必要情况下，即使身边有他人在场或环境不太理想，你同样可以做暂停练习。

THE ROAD TO CALM

第 6 章

平复失控情绪的 12 种方法

本章将会介绍 12 种平复失控情绪的方法。在用 STOP 方案暂停时，你可以将这些方法组合起来使用。无论你是否会经常用到这 12 种方法，熟悉一下它们都是很有用的，尤其是因为在暂停时你会用到各种方法组合来平复当前的情绪崩溃。本章将介绍这 12 种方法的目的和要领，并帮助你对每种方法进行实践。最后，每种方法后面都有思考部分，可供你记录使用这种方法时的任何心得。

12 种方法一览

1. 静观正念

（Mindfulness with detached observation）

2. OK 手势

（Okay signal）

3. 情绪旋钮

（Dialing down reactivity）

4. 沉重四肢

（Heavy hands, heavy legs）

5. 支持联盟

（Imaginary support circle）

6. 智者人格

（Wise self）

7. 体贴人格

（Empathic self）

8. 成就重温

（Remebering successes）

9. 积极前景

（Positive future-focusing）

10. 情绪共存

（Juxtaposition of two thoughts/feelings）

11. 推迟处理

（Postponement）

12. 创建自述

（Self-statements）

方法 1：静观正念

目的：

➢ 集中注意力于当下。

➢ 出现消极想法或情绪时，减少自责和自我评判。

➢ 用好奇心代替主观评判。

正念指的是对当前经历进行的冷静、视角客观的观察。正念要求你集中注意力于当下，仅带着好奇心观察每个想法、情绪或感觉的来去与更替。与传统的正念冥想不同，静观正念会让你冷静下来，从而创造应对紧张情境的新视角。

想法、情绪和感觉就像公共汽车：你多等几分钟，下一辆车很快就来了。正念的目的不是改变你正在经历的想法、情绪和感觉，而是要接受它们的存在，知道它们是转瞬即逝的，并用包容、开放的态度看待它们。

正念的另一个关键要素是避免主观评判，这也是静观视角的本质。你可能很熟悉自己内心的声音，它一直在描述你当前的情绪体验并对其进行价值评判。当你注意到自己心跳加速或愤怒值不断升高时，那个惯于评判的声音可能会说"不行"或者"我就不该这么想"。当你以静观视角练习正念时，你就要开始用"这就是事实 / 正在发生的事"代替"这个好""这个不好 / 很糟糕 /不可以"等条件反射般的想法。你需要用好奇心代替主观评判，后退一步，仅仅旁观自己的体验。你可能会通过观察产生"这是个焦虑的念头"或者"那是种生气的情绪"的想法。这种静观视角能够降低你对你所经历的想法、情绪和感觉的反应水平。通过运用静观视角下的正念法，你可以换个视角看待自己的体验，然后你就会发现，体验本身没有变，较之前却有所不同了。

要领：

1. 观察想法、情绪或感觉。

2. 说出想法、情绪或感觉的类型（例如"我观察到了沮丧"）。

3. 对自己的体验保持开放、探究的态度（例如"我在观察自己的沮丧程度时注意到自己咬紧牙关了"）。

4. 提醒自己，想法、情绪和感觉来得快，去得也快。

5. 现在你已经脱离情绪崩溃状态了，问问自己是否要对此次情绪崩溃的导火索采取什么行动。

（经诺顿出版社授权改编，版权属于卡罗琳·戴奇，2007）

思考：

坐下来观察自己的情绪体验。你感觉如何？你的脑海中出现了怎样的情绪、身体感觉和对当下状态的评论？注意一下，你脑海中是否出现了主观（对想法、感觉或情绪的）评判？

_____

_____

_____

　　你能否做到后退一步，采取静观态度，好奇地观察你当前的情绪体验？如果能，感觉怎么样？

_____

_____

_____

　　描述一下未来使用这个方法的不同情境。

_____

_____

_____

 ### 方法 2：OK 手势

目的：

➢ 迅速获得平静和幸福感。

➢ 将这种积极状态与一个手势或提示（OK 手势）建立起联系。

➢ 记住，你只活在当下，而当下一切都好。

> ➤ 将 OK 手势当作神经系统的快速重启按钮，在需要时重新
> 唤起这种幸福感。

在很多文化中，OK 手势都是表示一切顺利的常见而通用的手势。如上页图所示，这个动作需要你将拇指和食指指尖相对，形成一个圆圈。这个手势通常是用在与他人的沟通中的，但在这个环节，你将使用这个手势向自己传达"一切都好"的信息。为此，你需要用 OK 手势创建"感官线索"。

感官线索的用处是引发或暗示你想达到的情绪状态。大脑善于将情绪状态与感官线索联系起来。感官线索的一类典型例子是很多人非常熟悉的——气味。相信有很多次，你走进朋友家厨房或某家餐厅，闻到的气味会在一瞬间将你带回童年的某个时刻。也许你闻到的气味把你带回了祖母的厨房，让你回到了她刚从烤箱中端出一盘热乎乎的蓝莓松饼的时刻。当前的感官线索会勾起过去的记忆，与最初的体验相关的感觉就会随之重现，在祖母的厨房这个例子中是温暖和满足的感觉。

虽然气味能提供很多感官线索，但相对而言手势在日常生活中更实用。因此，你在练习 OK 手势时，便可以让自己回想起幸福的状态，然后可以按部就班地将 OK 手势与积极的情绪体验联系起来。

掌握 OK 手势的要领：

1. 引导自己进入平静状态。这时你感到放松、舒适、幸福。

2. 单手比 OK 手势（将拇指和食指相对，形成一个圆圈）。

3. 维持 OK 手势，向自己重复三遍"我现在很好"。

4. 想象你在情绪崩溃时可以使用 OK 手势重新唤起平静和幸福感，从而渡过难关。

练习 OK 手势的要领：

1. 提醒自己，你有能力用 OK 手势唤起平静和幸福感。

2. 单手比出 OK 手势，伴以"我现在很好"或类似的话。

3. 认真体验 OK 手势唤起的幸福感代替情绪崩溃的过程。

思考：

　　你把拇指和食指相对、唤起幸福状态后，有什么感觉？

_____

_____

_____

你对自己说"现在一切都好……我现在很好……
我能搞定现在的问题"时，有什么感觉？

_____

_____

_____

描述一下未来使用这个方法的不同情境。

_____

_____

_____

 方法3：情绪旋钮

目的：

➢ 针对当前的导火索，判断符合实际的情绪反应强度。

➢ 了解你当前情绪反应强度与符合实际的强度之间的差距。

➢ 想象一个能帮你调低、校准当前情绪反应强度的旋钮。

如果情绪强度能像烤箱温度一样可以调低就太好了。你如果
想调高温度，只需将旋钮调到想要的刻度上，温度就会逐渐上
升，直至达到设定温度。你如果觉得温度有点儿高，只需将旋钮
往左调几度，温度就会立即下降。烹饪结束后，将旋钮调到"关

闭"位置，温度就会逐度降至室温。

情绪旋钮的方法会教你想象出一个旋钮来调节你当前的情绪强度。现在，假设你的情绪温度过高，比如旋钮刻度范围是 1～10，而你的情绪强度已经到了 9，那么你就可以用这个旋钮把情绪温度调低至你想要的水平，比如刻度 3。借助这个旋钮，你可以通过主动调节自己的情绪强度来掌控它。

 要领：

1. 想象出一个旋钮，上面刻着你的情绪崩溃强度，刻度范围是 1～10。

2. 想象这个旋钮的读数代表着你当前的情绪崩溃强度。

3. 自我感知一下，将你当前面临的困难放在全新视角观察并将其量化。现在问问自己，你理想的情绪反应强度是多少？或者要应对你当前面临的困难，需要怎样的情绪反应强度？

4. 想象自己将旋钮慢慢调低。随着旋钮被调低，你的情绪反应强度也在降低。

5. 注意体会在拥有随时调低情绪反应强度的能力后的成就感。

（经诺顿出版社授权改编，版权属于卡罗琳·戴奇，2007）

思考：

你想象的旋钮有什么形状和底色？指针是什么颜色？数字是什么颜色？你的旋钮在什么地方，墙上、桌子上还是飘在半空？

_____

_____

_____

练习这个方法时，你的旋钮最初指向什么数字？你最希望读数保持在什么数值范围？

_____

_____

_____

当你调低自己的情绪反应强度时，你的身体感觉有没有发生什么变化？如果有，感觉怎么样？描述一下你的想法是如何平静下来或如何发生变化的。你的情绪又是如何随之变化的？

_____

_____

_____

描述一下未来使用这个方法的不同情境。

_____

_____

_____

 方法 4：沉重四肢

目的：

➢ 用肌肉放松缓解生理激动。

➢ 用肢体沉重感缓解肌肉紧张。

➢ 让肢体沉重感与放松、平静感建立联系。

➢ 让身体放松与平静的自述建立联系。

就像心跳加速或四肢颤抖等身体感觉往往出现在情绪激动状态下一样，也有一些身体感觉会出现在放松状态下，比如手脚的沉重感，人们在深度放松的状态下经常会有这种感觉。本方法源自一种名为"自律训练"（autogenics）的减压方式，创立者是德国精神病学家和神经科医师约翰内斯·舒尔茨（Johannes Schultz）。舒尔茨发现，放松状态经常伴有特定的身体感觉。

随心所欲产生肢体沉重感的能力是一种有效的工具，可以缓解情绪崩溃和过度反应。前文中我们提到了情绪崩溃时会伴有怎样的身体感觉，而想象手脚沉重的这种方法可以利用你自己的生理机能迅速而有效地进入放松、平静的状态，从而对抗这种生理反应。

 要领：

1. 将注意力集中于你的右手，重复 6 遍"我的右手越来越沉重了"。

2. 将注意力集中于你的左手，重复 6 遍"我的左手越来越沉重了"。

3. 想象手腕上压着一个铅块，让你的手变得非常沉重。感受这份沉重（以及随之而来的放松）蔓延至手臂。

4. 继续感受这种沉重和放松，重复 6 遍"我的手臂很沉重，我感受到安全和平静"。

5. 现在让沉重感蔓延至腿上。将注意力集中于你的右腿，重复 6 遍"我的右腿越来越沉重了"。

6. 将注意力集中于你的左腿，重复 6 遍"我的左腿越来越沉重了"。

7. 感受你手臂和腿部的沉重以及随之而来的放松。最后，在你继续感受沉重和放松时，重复 6 遍"我的手臂和腿部很沉重，我感受到安全和平静"。

思考：

你在想象手臂沉重的时候有什么感觉？在想象腿部沉重的时候有什么感觉？在这个过程中还出现了哪些感觉？你注意到与沉重感相伴而来的愉悦、放松的感觉了吗？你还体验到了哪些别的感觉，比如温暖？你体验到与沉重感相伴而来的其他轻松、舒适的感觉了吗？

_____

_____

_____

你使用了哪些视觉提示来促进这些感觉产生？

_____

_____

_____

描述一下未来使用这个方法的不同情境。

_____

_____

_____

方法5：支持联盟

目的：

➤ 想象一个关心你幸福与否的支持网络。成员可以是真实的，
也可以是虚构的；可以是个人，也可以是团体。

➤ 体验联系与支持的感觉。

➤ 知道自己不是孤单一人。

从他人那里寻求安慰、关怀和情绪支持的本能是人类的共同
特点。但在现实中，获得与他人联系的体验的欲望导致的人际冲
突可能会带来很多苦恼，情绪崩溃便是其一。你想通过共享联系
和人际关系寻求幸福感，但如果某一时刻亲近他人的尝试失败
了，你就会失去这种幸福感。当你情绪崩溃时，在人际关系中获
得安全感、安慰或支持的能力，对恢复情绪平衡、抑制情绪崩溃
至关重要。当情绪崩溃本身就由人际冲突或人际关系中的导火索
引发时，情况更是如此。

你想象的支持联盟能让你在情绪崩溃时使用人际关系这一极
其强大的资源。在神经系统的作用下，他人的关心、支持和情绪
滋养能让你自然而然地感到冷静、受到宽慰、充满力量。幸好，
由亲近感激活的神经通路并不需要支持你的人真的出现在你眼前
就能被开启。通过创建和进入想象中的支持联盟，你也能激活这
种神经通路。

创建支持联盟时，你会召集一群关心你的人，他们虽然只是你脑海中的形象，却会给你带来幸福、联系和支持。这些形象可以是真实的，也可以是虚构的；可以是人，也可以是动物；可以是在世的，也可以是早已离世的。你的支持联盟没有名额限制，你可以把任何人拉进去，而且可以根据不同的时间、场合或需求，从支持联盟中选择不同的人来支持你。唯一不变的是，这个方法能让你明显体验到情绪支持，减轻孤独感。因此这种感知也能促进情绪平衡，应对情绪崩溃的情况。

 要领：

1. 认识到你可以依靠想象创造一个支持联盟。在感到孤独或缺乏支持的时候，你可以随时向其寻求帮助。

2. 闭上眼睛，开始构建支持联盟，你可以依次将某个人 / 虚拟存在 / 动物拉进这个圈子。（你的支持联盟中可以有好友、亲戚、老师、导师，甚至可以有你从未亲身接触过的公众人物或领导人。你的支持联盟成员也可以包括你觉得能给你带来安慰的宗教人物或精神领袖，当然还可以包括已经离世的人或动物，只要你对他们的记忆以及他们本身的存在能让你感到安慰即可。）

3. 环顾你的支持联盟，看着这些你邀请进来的人 / 动物，感受每个个体带给你的支持、智慧、力量和平静的能量。

4. 注意观察与你想象中的支持联盟的联系带来的幸福感逐渐取代情绪崩溃的整个过程。

（经诺顿出版社授权改编，版权属于卡罗琳·戴奇，2007）

思考：

你邀请了哪些人进入你的支持联盟？

_____

_____

_____

每个人／虚拟存在／动物给你的支持联盟带来了哪些积极的属性？

_____

_____

_____

描述一下未来使用这个方法的不同情境。

_____

_____

_____

方法6：智者人格

目的：

➢ 想象你创造出了一部分成熟、睿智、自律的人格。

➢ 让你的这部分人格影响你的看法、选择和行动。

➢ 唤醒你的这部分人格，帮你应对引发情绪崩溃的情境。

你有时可能会注意到，不同的人会引出你人格中的不同方面。这些方面都是你身上真实存在的。你可能兼具俏皮、严肃、自觉、任务为先、自律、自省、害羞、脚踏实地、能干、睿智、善于共情等性格特点。方法 6 和方法 7 的目的就是利用这些不同部分的你，在你遇到问题时为你提供支持。也就是说，你要学会唤醒部分自我来辅助管理情绪，从而阻止情绪崩溃。

方法 6 中，你唤醒的那部分人格可以被看作一个睿智的你。这部分的你求实、聪慧、成熟，适合引导你的反应和行为。然而，当你被情绪淹没时，你的智者人格通常处于休眠状态，而情绪崩溃的压倒性力量往往会将不会变通、不自律、不成熟的那部分自我召唤出来。情绪崩溃发生时，你很容易忘记智者人格的存在，或是无法唤醒它。下面的练习会教你如何在需要的时候唤醒智者人格。

要领:

1. 回忆一个让你感到自己睿智、善于共情、自律、成熟的事例。

2. 唤醒睿智、善于共情、成熟的这部分人格。这部分人格能让你在行动时注意到自己和他人的需求,并遵循自己的核心价值观。

3. 留意并关注唤醒这部分人格时的感觉,并让这种感觉引导你的反应和决策。

4. 认识到你需要一个睿智、善于共情的"脑内家长"时,你可以随时唤醒这部分成熟的人格来引导自己做出行动,应对当前挑战。

思考:

　　描述一个让你感到自己睿智、善于共情、自律、成熟的事例。你可以和那个仁慈、坚定、自律的"脑内家长"进行交流吗?如果可以,记住这次体验的细节。当时你在哪里?你们交流的情境是怎样的?

_____

_____

_____

描述一下唤醒这部分人格能够如何帮你应对情绪崩溃。

_____

_____

_____

描述一下未来使用这个方法的具体情境。

_____

_____

_____

方法 7：体贴人格

目的：

➢ 想象你的部分人格对自己和他人富有同情心，能够主动关怀，善于共情。

➢ 让你的这部分人格帮你决定对自己和他人的看法、选择和行动。

➢ 唤醒你的这部分人格，帮你调节过度的情绪反应。

这个方法会教你唤醒这部分极富同情心的人格。你最容易在照顾孩子或者在艰难时刻支持朋友或亲人时发现自己的这部分人格。但如果你在人际冲突中感到愤怒、沮丧、失望或受伤，这部分富于同情心的人格往往会隐藏起来。另外，如果你内心充满沮丧、自责，这部分人格也会躲得远远的。因此，当你被愤怒、自我批评等情绪淹没时，学会唤醒善于共情的这部分人格至关重要。以下练习会教你如何做到这一点。

要领：

1. 认识到你的人格中有许多不同的部分，可以随时为你所用。

2. 找到善于共情、乐于助人、关爱他人这一部分具体的人格。

3. 回忆一件让你觉得自己善于共情、乐于助人、关爱他人的具体事例。

4. 注意观察你调动这部分人格来引导你进行反应和决策时的感觉。

5. 认识到当你需要共情来引导你对自己和他人做出反应和回应，以及帮助你应对评判、愤怒或偏执的强烈感觉时，你可以随时调动这部分人格。

思考：

在哪些具体事例中，你曾经感受到那个善于共情、支持和关怀的人格的存在？请描述这种体验的细节。你当时在哪里？与谁共情？你们的交流发生在怎样的情境中？

这种体验为何让你感到充实、满足、温馨？

描述一下未来使用这个方法的不同情境。

 方法 8：成就重温

不要因为失去而哭泣，要因为曾经拥有而微笑。

——美国儿童文学家苏斯博士（Dr. Seuss）

目的:

➤ 提醒自己，你过去成功应对并克服了很多困难。

➤ 重新体验过去的控制感和成就感。

➤ 驾驭这些成功的力量，并借助这些力量从现在开始自我赋能。

当你被强烈的情绪淹没时，你很容易忘记自己的优势和能力，会认为自己无法应对当前的挑战。之前你如果有过没能成功缓解情绪崩溃的经历，这种情况可能会加重。你自己和其他人都试着劝你不要反应过度，但最终都失败了，因为仅凭理智可能不足以降低你的情绪反应水平。

自我赋能是情绪崩溃的解药。这 12 种方法能赋予你力挽狂澜的力量。方法 8 能让你从过往成功经历中获得力量，在情绪崩溃时做到自我赋能。

 要领:

1. 回忆几个你遇到挑战并成功应对的例子。

2. 把你的注意力集中在这些成功事例带给你的感受上，再将这些感受带到当下。一边这样做，一边试着对自己微笑。

3. 铭记伴随这些成功经历出现的身体感觉和姿势。可以尝试模拟这些姿势。

4. 现在和未来面对挑战时，用这种成就感和对自身能
   力的感受增强你的信心和韧性。

思考：

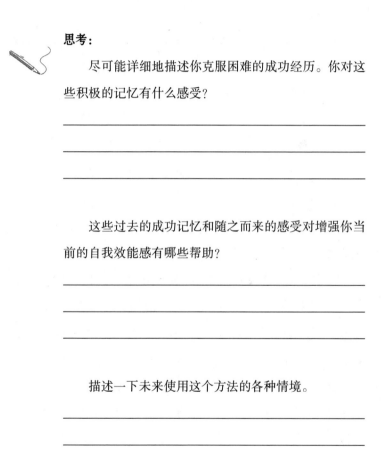

  尽可能详细地描述你克服困难的成功经历。你对这
些积极的记忆有什么感受？

_____

_____

_____

  这些过去的成功记忆和随之而来的感受对增强你当
前的自我效能感有哪些帮助？

_____

_____

_____

  描述一下未来使用这个方法的各种情境。

_____

_____

_____

方法9：积极前景

目的：

➢ 告诉自己，坚持使用这些方法能让你在未来迅速平复情绪。

➢ 利用这一认知增强你当下的幸福感。

> 展望未来才能活过现在，这是人的特性。
>
> ——奥地利心理学家维克多·弗兰克尔

你在经历情绪崩溃时，激增的情绪会欺骗你的心理和身体，让你觉得自己的性命受到了威胁，而事实往往并非如此。如果你的情绪主要是恐惧或者愤怒，这种感觉会尤为显著。通过方法9——积极前景，你有意将注意力从当下移开，并在你的脑海中"快进"到危机感早已消退的不久后的将来。你甚至可以"快进"到某个完全不同的情境中。当你设想的情境改变，你身体和心理的反应也会发生变化。通过设想一种安全、放松的体验，你可以让你的身体和心理从威胁个体生存、加剧情绪崩溃的反应模式中转移。

积极前景为你提供了另一种激活副交感神经系统的方式（与每日压力接种和应对早期情绪崩溃的做法类似），让你可以在情绪失控时踩下刹车。这样一来，你身体的每个细胞都知道你已经脱离危险区，于是可以唤起并体验安全感、保障感和幸福感。

要领：

1. 认识到你能够改变自己和自己的生活。

2. 认识到你可以想象自己"快进"到某个特定时间点。到那时，现在感觉无比艰难的挑战已经得到解决，情绪上的不适已经消退。

3. 想象一个未来的时间点，到那时你会感觉好一些，或是导致压力的原因已经得到解决。根据原因的不同，这个时间点可能在不久后或更遥远的将来。如果引发情绪崩溃的问题不会自行消失，你可以想象在未来的某个时间点自己已经掌握了应对方法，这样你就可以改善情绪崩溃，让情绪迅速恢复平衡。

4. 在想象中看到自己在未来采取了新的行动、想出了新的应对方式并体现出新的品质时，体会那种满足感。

5. 寻求并享受与解决问题相关的积极情绪，而非苦恼和焦虑情绪。

思考：

　　你能"快进"到未来情绪崩溃已经平息的哪个时间点？通过这种想象，你的情绪发生了什么变化？

_____

_____

_____

在"快进"之后，你有哪些感受？

_____

_____

_____

描述一下未来使用这个方法的不同情境。

_____

_____

_____

 方法 10：情绪共存

目的：

➢ 认识到矛盾、对立的想法或情绪可以共存。

➢ 学会同时"拥有"两种对立的想法或情绪，有能力唤起
与苦恼对立的想法或情绪。

➢ 让对立的积极想法或情绪降低你当下消极想法或情绪的
强度。

➤ 体验矛盾的经历和想法相互融合的过程。

人很容易被某种强大的想法、情绪或感觉所吞噬。例如，如果你刚刚扭伤了脚踝，疼痛很可能占据了你的全部注意力。不适成了你的全部感觉，让你只想着它。在这种情况下，你几乎注意不到来自身体其他未受伤部位的感觉输入。你的生理特点导致了这样的结果：当下紧急的想法、情绪或感觉一定会掩盖你已经习惯的想法、情绪或感觉，就算后者是愉快的也无济于事。当你身体受伤或面临其他类型威胁时，这样的取舍无可厚非。高度关注你的消极感觉有助于确保你注意到自己受了伤或应对突如其来的威胁。但如果你的人身安全没有受到实际威胁，而你的情绪却像受到威胁一样做出了反应，也就是说，突然袭来的苦恼来自你的想法或情绪体验时，又该怎么办呢？

当强烈的想法或情绪涌现时，同时接纳两种想法 / 情绪能让你自由接触到更多类型的想法或情绪。这种方法让你不会屈服于强烈的情绪体验，而会在苦恼和幸福的状态间徘徊，以唤起当前想法 / 情绪的对立面。这样做可以起到缓解难以忍受的想法或情绪的作用。通过这个方法，你能够将自己从任何压倒性的想法或情绪中解放出来，并记住一个事实：不同的想法或感觉不仅是客观存在的，而且是你可以随时考虑和体验的。

要领：

1. 回忆你经历过的一种强烈、消极的想法／情绪。

2. 想象自己把这种想法／情绪放在一只手的掌心，然后握拳，把这种情绪包裹起来。保持这个姿势。

3. 现在认识到你也可以有相反的想法／情绪。

4. 把注意力引向这些更加积极的想法／情绪中的一种。

5. 想象你把这种想法／情绪放在另一只手的掌心，也握拳把它包裹起来。

6. 现在把两个拳头相对放在一起，双手的指关节和手掌根部贴在一起，让这两种想法／情绪共存。

7. 将你贴紧的双拳移至胸口，放在心脏上方。

8. 充分体验在意识到矛盾的想法／情绪可以共存后的舒适、平静的心境。

（经诺顿出版社授权改编，版权属于卡罗琳·戴奇，2007）

思考：

　　你能否识别并唤起两种对立的想法／情绪？唤起更加积极、肯定的想法／情绪是否降低了消极想法／情绪的强度？如果是，这种体验对你来说是怎样的？

_____

_____

_____

认识到自己可以随时唤起更加积极的想法 / 情绪以
后，你有了什么变化？

_____

_____

_____

描述一下未来使用这个方法的不同情境。

_____

_____

_____

 方法 11：推迟处理

目的：

➢ 培养延缓消极想法、情绪或冲动发作的能力。

➢ 选定未来的某个时间，将这些想法、情绪或冲动推迟到那
时再体验。

➢ 体会将消极想法、情绪或冲动推迟到某个特定时间的好处。

每个人都熟悉"推迟"的概念。一方面，推迟的坏处是拖
延——你会把不想做的事情不断推后。另一方面，推迟也有益处。
方法 11 将让你学会通过推迟处理来搁置令人苦恼的想法、情绪

或冲动。推迟处理可以帮你管理焦虑和"思维反刍"。焦虑往往表现为纠结一些"万一"的问题，把注意力放在未来可能出现的一系列消极结果上。想法无休止地反复，像磁带一样在你脑中循环播放的现象就是思维反刍。

推迟处理能让你对焦虑和思维反刍设定一个"再睡一会儿"闹钟，把它们安排在你选定的某个未来的时间进行。当这样的想法出现时，你就可以按下"再睡一会儿"按钮，记住要稍后再安排时间处理这些想法。这并不是在驱逐焦虑，而是在主动选择推迟对它们的关注，将注意力重新转回当前的正事上。也就是说，推迟处理是在用"我会找个时间处理这些焦虑"的想法取代"不，不要想了"这种直截了当的命令。

下面的练习会教你如何进行推迟。你将学会如何安排特定时间来处理焦虑和思维反刍，并将在这些时间处理被你推迟的焦虑想法。这样做能创造双赢的局面：你推迟了焦虑，但仍然会花时间关注它们。而到了预先安排好的焦虑时间，你可能更愿意花时间做其他事了。不过，到安排好的时间再焦虑，可以增强你对焦虑和思维反刍的掌控感。你可能会发现，随着时间推移，焦虑和思维反刍在你一天中占据的精力和时间越来越少。在你练习推迟处理的过程中，焦虑和思维反刍对你的时间和注意力的控制明显减弱。

要领：

1. 留意所有消极想法、情绪或冲动。

2. 暂时搁置这些想法、情绪或冲动。说出"停"这个
   字（可以大声说出口，也可以默念）。你也可以想象
   一个停止标志，或者做一个停止手势。

3. 选定不久后的某个时间，承诺到时会重新面对这些
   想法（通常可以选择当天的晚些时候）。

思考：

　　你选择处理焦虑和思维反刍的时间和地点分别是
什么？

_____

_____

_____

　　说什么话、做什么手势和 / 或进行什么想象在你推
迟消极想法、情绪或冲动时最有用？

_____

_____

_____

你在推迟消极想法、情绪或冲动时遇到了哪些困难?

_____

_____

_____

描述一下未来使用这个方法的不同情境。

_____

_____

_____

 方法 12:创建自述

目的:

➤ 学会利用言语的力量。

➤ 认识到并相信自己能够平息情绪反应。

➤ 直面具有挑战或令人胆怯的情境。

➤ 识别并积极体验能带来力量的想法。

正如我们的想法可以在很大程度上加重情绪崩溃一样,它们对缓解情绪崩溃也有同样强大的作用。这就是为什么每次暂停练习结束后我们都要进行自述练习。言语会给你当前的体验增添色彩，会影响你的记忆，也会增强你对未来的预期。言语是你构建意志的工具，反映出你当前调节情绪的能力，以及未来应对情绪导火索的方式。

通过方法 12——创建自述，你可以学会利用言语的力量。你的自述会让你相信自己能够应对任何情绪导火索，能够管理自己的生活，也能够停止情绪崩溃。你可以针对可能遇到的挑战，对你的自述进行个性化定制。

要领：

1. 了解意志的力量。

2. 了解与自己对话的力量。

3. 说出你为应对特定挑战准备的自述。

思考：

你是如何注意到自己的想法影响着过去的经历和未来的期望的？与一个长期处于消极状态的朋友或熟人在一起，对你有什么影响？如果你身边的朋友或熟人比较乐观、积极，你会有什么感觉？

_____

_____

_____

你内心对当下经历的消极评论是如何影响你心境的？积极评论呢？

_____

_____

_____

描述一下未来使用这个方法的不同情境。

_____

_____

_____

要点总结

- 熟悉本章中 12 种方法的目的和步骤。
- 想象未来使用这些方法的各种情境。
- 练习这 12 种方法。
- 记住，你永远可以唤醒睿智的自我，应对更加脆弱或反应激烈的部分自我。

THE ROAD TO CALM

第 7 章

P：识别和应对情绪导火索

本章将介绍如何使用上一章中介绍的 12 种方法缓解由外部导火索或内心焦虑造成的情绪崩溃。现在你已经了解了这 12 种方法，可以在暂停期间用本章和下一章中介绍的方法组合，将这些方法付诸实践。我们根据本章和下一章涉及的不同导火索提供了不同的方法，可以帮助你缓解随之而来的情绪崩溃，同时也留出了供你书写的空间。先来复习一下 STOP 方案的内容。

STOP方案			
S: 扫描想法、情绪、行为和感觉	**T:** 暂停一下	**O:** 应对早期情绪崩溃	**P:** 将所有方法付诸实践

常见的情绪导火索：

➢ 焦虑

➢ 惊恐

➢ 生理痛苦难耐

➢ 被遗弃／孤独感

➢ 无望感

➢ 沮丧

➢ 暴怒

量身定做最适合你的方法组合

接下来的指导会为你介绍大致框架，让你能够最有效率地利用这些方法。所有这 12 种方法都能减少情绪崩溃，但有些方法在解决某种特定导火索时效果更好。这就是为什么我们创建了这个针对每种导火索的推荐方法清单。虽然针对每种导火索，我们都提供了特定的方法组合，但对于某些特殊情况，我们也鼓励你换用其他更有效的方法。例如，对于惊恐，你可能喜欢使用方法 3 而不是方法 8。如果你想调换方法组合的顺序，我们也鼓励你这样做。做过成功的选择后，你就对哪些方法最能缓解你的情绪崩溃这个问题有经验了。

你使用这些方法越频繁，它们就越有效。因此，你可能会发现，你的情绪问题有时会在你使用完一整套方法组合之前就得到了缓解。在这种情况下，你可以随时跳到自述这一步来结束暂停。随着时间的推移，你越能有效地平息情绪崩溃，这些方法就越成功。时间长了，你使用的每一种方法都会变得更加有效，情绪崩溃也就不再像以前那样难以应对了。

存在不止一种情绪时

通常情况下，多种导火索会一并出现。例如，你可能会同时经历焦虑和沮丧。事实上，当你的情绪已经不堪重负时，你会更容易受到其他情绪导火索的影响。当这种情况发生时，首先要解决最强烈的情绪，也就是你脑内最主要的那种情绪。如果你的多种情绪感觉同样强烈，就任意选一个先处理。迅速使用某种方法缓解你的情绪问题，比花大量时间考虑先用哪套方法组合更重要。

识别你的常见导火索

本章涉及的每种导火索都可能引发情绪的急剧反应。因此，本章介绍的所有方法可能都是有用的。然而，有些导火索是你生活中的常客，顾名思义，这些导火索最常引起你的情绪崩溃。在下表中辨识你生活中常见的情绪导火索，在旁边的方框中打钩。这就是你的常见导火索列表。

我的常见导火索

- ☐ 焦虑
- ☐ 惊恐
- ☐ 生理痛苦难耐
- ☐ 被遗弃 / 孤独感
- ☐ 无望感
- ☐ 沮丧
- ☐ 暴怒

管理你的常见导火索

我们建议将你的常见导火索列表及对应的方法放在手边。现代技术为此提供了便利。你不仅可以手写一份列表，还可以把列表存在手机上。这样一来，当情绪崩溃发生、你需要暂停的时候，你就可以迅速找到可以使用的方法了。无论你把列表存在哪里，关键是能在需要的时候轻松获取它。

创建自述

本手册中的所有方法都以方法 12——创建自述收尾，这是应对情绪崩溃的最后一步。记住，你的话能加重情绪崩溃，也能缓解它。自述是一个重要的方法，可以巩固你应对情绪崩溃的成果，结束你的暂停时间，让你带着自信和幸福感重新开始日常活动。

个性化且针对具体挑战的自述是最有效的。为此，我们将指导你为本手册中提到的每种情绪挑战创建积极的自我肯定。我们建议你将这些自述带在身边，在暂停期间使用。

应对情绪导火索的方法

焦　虑

偶尔焦虑是人之常情。焦虑有时也是好事，因为它能让你预见一件事情的多个可能结果，并为各种突发事件做好准备。但如果焦虑过于频繁、强烈，还阻碍你享受当前的生活时，它就变成了麻烦。焦虑会让你把注意力聚焦到未来，一心纠结可能会出现的问题。

当你陷入焦虑时，我们建议你用 STOP 方案暂停。你可以使用以下方法组合。

推荐的方法组合				
焦虑	方法 1 静观正念 第 123 页	方法 3 情绪旋钮 第 128 页	方法 11 推迟处理 第 149 页	方法 12 创建自述 第 152 页

创建自述：焦虑

创建关于焦虑的自述时，可以从你如何感到焦虑入手。先回忆一次焦虑感非常强烈的经历。注意你被焦虑淹没时，有哪些想法在你脑海中肆虐？例如，你可能会想"这事好不了了"或者"我现在无路可走，看不到方向"。选择其中几个想法，写在下方横线处。

想法 1：

＿＿＿＿＿＿＿＿＿＿＿＿＿＿＿＿＿＿＿＿＿＿＿＿＿＿

想法 2：

＿＿＿＿＿＿＿＿＿＿＿＿＿＿＿＿＿＿＿＿＿＿＿＿＿＿

想法3：

_____

想法4：

_____

想法5：

_____

你可以根据上述想法写下自述，来缓解焦虑引发的情绪崩溃。具体做法是，针对每个情绪崩溃的想法，写下对应的积极陈述。这样做的时候，记住，你有大量的内在资源可以利用，而这些资源在情绪崩溃时往往会被忽视。可写自述包括"只是遇到了不顺而已，天又没塌""这件事早晚会过去""没有证据支持这种焦虑"或者"如果怕意料外的事情发生，我可以制订应急计划"。

自述1：

_____

自述2：

_____

自述3：

_____

自述 4：

_____

自述 5：

_____

　　现在你有了一份关于焦虑的个性化自述列表，挑出你认为最有用、最有意义或最有帮助的三个，这样你就得到了建立在方法 12 上的关于焦虑的自述。你可以把它们记下来随身携带，以便随时随地使用。

思考：

　　在创建关于焦虑的自述时，你的感觉怎么样？

_____

_____

_____

　　描述一下未来使用关于焦虑的自述的各种情境。

_____

_____

_____

惊恐（尤其是与惊恐发作、惊恐障碍和创伤后应激障碍相关的）

惊恐发作有时会带来十分痛苦的生理体验。随之产生的焦虑想法同样令人痛苦，而且往往会加重惊恐发作的程度。你如何看待随着惊恐产生的身体症状，如心跳加速、头晕、失控或更糟糕的情况——发疯等，对能否缓解惊恐发挥着重要作用。惊恐障碍患者面临的挑战是如何克服惊恐发作的这些典型症状的影响。你要相信这样一个事实：身体对惊恐不可避免的反应并不意味着情况不可挽回或是身体遭受了严重的伤害。你可能会有强烈的不适感，但这是暂时的，总会过去。事实上，如果你为这些身体反应担忧，产生的焦虑会进一步加重惊恐的生理反应。

当你陷入惊恐时，我们建议你用 STOP 方案暂停。你可以使用以下方法组合。

推荐的方法组合				
惊恐	方法1 静观正念 第123页	方法4 沉重四肢 第131页	方法9 积极前景 第144页	方法12 创建自述 第152页

创建自述：惊恐

　　创建关于惊恐的自述时，先回忆一次非常强烈的惊恐发作的经历，留意你在被惊恐淹没时内心肆虐的想法。例如，你可能会想"我撑不下去了""这事好不了了"或者"我现在无路可走，看不到方向"。选择其中几个想法，写在下方横线处。

想法1：

_____

想法2：

_____

想法3：

_____

想法4：

_____

想法5：

_____

　　你可以根据上述想法写下自述，来缓解惊恐引发的情绪崩溃。具体做法是，针对每个情绪崩溃的想法，写下对应的积极陈述。例如，你可以写"我能扛住""我很快就会好起来"或者"我并不是什么都做不了，我至少知道怎样降低惊恐程度"。

自述1:

_____

自述2:

_____

自述3:

_____

自述4:

_____

自述5:

_____

现在你有了一份关于惊恐的个性化自述列表，挑出你认为最有用、最有意义或最有帮助的三个，这样你就得到了建立在方法12上的关于惊恐的自述。你可以把它们记下来随身携带，以便随时随地使用。

注意：多问自己"那又怎样"也是很有用的。回想一下，哪些情境最让你感到害怕，会让你预感惊恐即将发作？然后在下方横线处针对这些情境问自己"那又怎样"，并做出回答。例如："如果我在超市推着满满一购物车食物排错了结账的队，那又怎样？我会感到尴尬，但我能应付这种情况。"或者"如果我在惊恐发作时感到胸痛，那又怎样？大不了去医院检查一下。"

＿＿＿＿＿＿＿＿，那又怎样？＿＿＿＿＿＿＿＿。

＿＿＿＿＿＿＿＿，那又怎样？＿＿＿＿＿＿＿＿。

＿＿＿＿＿＿＿＿，那又怎样？＿＿＿＿＿＿＿＿。

＿＿＿＿＿＿＿＿，那又怎样？＿＿＿＿＿＿＿＿。

生理痛苦难耐（尤其是与广泛性焦虑症和惊恐障碍相关的）

你的大脑不断接收着来自全身上下的感觉神经元的信息，这些信息与身体各部位正在体验的众多感觉紧密联系。这类感觉输入中的绝大部分并未达到能够被意识觉察的程度，但有些人会比其他人对其更敏锐。这种敏感性特质可能会加重身体不适和情绪问题。如果你容易对感觉输入产生反应，那么别人可能根本不会注意到的一小阵恶心感就可能会吸引你的注意力，让你感到非常困扰。

苦恼加重的过程往往是循序渐进的。

1. 如果你备受焦虑困扰，你会出现身体不适的感觉。

2. 你一旦注意到这些感觉，就很难忽视它们了。

3. 然后，你会开始寻找其他不适感。

4. 你开始担心这些不适感是否说明你的身体出了严重问题。

5. 这种焦虑提升了你的压力水平，加剧了情绪和身体上的不适。

我们是可以成功对抗苦恼和焦虑的侵袭的。以下方法组合会帮你缓解伴随情绪崩溃产生的身体不适，并消除随之而来的焦虑。

当你因为感到生理痛苦难耐而情绪崩溃时，我们建议你用 STOP 方案暂停。你可以使用以下方法组合。

推荐的方法组合				
生理 痛苦难耐	方法1 静观正念 第123页	方法2 OK手势 第125页	方法4 沉重四肢 第131页	方法12 创建自述 第152页

创建自述：生理痛苦难耐

创建关于生理痛苦难耐的自述时，你需要回忆一次身体痛苦非常强烈的经历，留意你在被这些感觉淹没时内心充满了哪些想法。例如，你可能会有"我受不了这个""我做不到那个""这种痛苦永远不会结束""这种现象说明我有严重的问题"等想法。选择其中几个想法，写在下方横线处。

想法 1:

_____

想法 2:

_____

想法 3:

_____

想法 4:

_____

想法 5:

_____

你可以根据上述想法写下自述，来缓解生理痛苦难耐引发的情绪崩溃。具体做法是，针对每个情绪崩溃的想法，写下对应的积极陈述。例如，"我能挺过去""这些感觉只是暂时的""我不太可能有什么严重的问题"或者"我没有遇到危险"。

自述 1:

_____

自述 2:

_____

自述3:

_____

自述4:

_____

自述5:

_____

　　现在你有了一份关于生理痛苦难耐的个性化自述列表，挑出你认为最有用、最有意义或最有帮助的三个，这样你就得到了建立在方法12上的关于生理痛苦难耐的自述。你可以把它们记下来随身携带，以便随时随地使用。

思考：

哪些生理痛苦的感觉会让你感到恐慌？

_____

_____

_____

　　你是否有过担心自己的不适说明身体出了严重问题，但最后什么事都没有的经历？这些经历具体是怎样的？

————————————————————————

————————————————————————

————————————————————————

　　描述一下未来使用关于生理痛苦难耐的自述的各种
情境。尽量描述具体细节。

————————————————————————

————————————————————————

————————————————————————

孤独（尤其是与抑郁症和焦虑症相关的）

　　演化决定了我们更倾向于过集体生活，从人际关系中获得滋
养，与家人、好友形成亲密的依恋关系。事实上，你与家人、朋
友生活中的亲密关系及其品质可以增强你应对情绪导火索和调节
情绪的能力。换句话说，当你拥有社会支持和亲密关系时，你出
现情绪崩溃的概率会更小。人际关系的体验可以帮助你调节消极
情绪的强度。

　　孤独感可能源自被孤立、被遗忘或无人关心的感觉。就算你
处在一段关系之中，如果感受不到与他人的联系，你也可能感到
孤独。不管出于什么原因，你在感到孤独时，会更难调节情绪，
更容易受到情绪崩溃的影响。因此，掌握应对孤独的方法至关
重要。

减轻孤独感的一个方法是创造并维持滋养情绪的纽带。然而，即使存在这些纽带，你仍然可能被孤独感淹没。这时，你就可以使用本手册中的方法唤起人际关系带来的安全感、舒适感和幸福感。减轻孤独感有两个关键：一是发展并维持积极的人际关系；二是要记住这些关系带来的积极感受，无论你是独自一人还是与别人在一起。

当你因为孤独而情绪崩溃时，我们建议你用 STOP 方案暂停。你可以使用以下方法组合。

推荐的方法组合				
孤独	方法5 支持联盟 第134页	方法6 智者人格 第137页	方法10 情绪共存 第146页	方法12 创建自述 第152页

创建自述：孤独

创建关于孤独的自述时，你需要回忆一次孤独感非常强烈的经历，留意自己在被孤独感淹没时的内心想法。例如，你可能会想"没人真的在意我""所有人最终都会离开我"或者"我的生命中没有他人相伴"。选择其中几个想法，写在下方横线处。

想法 1：

_____

想法 2：

_____

想法 3：

_____

想法 4：

_____

想法 5：

_____

你可以根据上述想法写下自述，来缓解孤独引发的情绪崩溃。具体做法是，针对每个情绪崩溃的想法，写下对应的积极陈述。例如，"我的生活中确实有关心我的人"或"可能有些人会离开我，但我知道并不是所有人都会这样"。

自述 1：

_____

自述 2：

_____

自述3：

_____

自述4：

_____

自述5：

_____

现在你有了一份关于孤独的个性化自述列表，挑出你认为最有用、最有意义或最有帮助的三个，这样你就得到了建立在方法 12 上的关于孤独的自述。你可以把它们记下来随身携带，以便随时随地使用。

思考：

描述你印象中带来强烈孤独感的记忆。

_____

_____

_____

你童年时是否有感到非常孤独的经历？如果有，是什么样的？

_____

_____

描述一下未来使用关于孤独的自述的各种情境。

广泛性无望（尤其是与抑郁症和创伤后应激障碍相关的）

广泛性无望意味着你会在内心纠结自己所做或所希望的一切都是徒劳的。无论你做什么，结局都会很糟糕，而行动也没有意义，因为任何事情都不会成功。广泛性无望常常伴有情绪上的麻木和 / 或绝望的感觉。

无望与失去行动力的关系很紧密。产生无望感时，你会感到完全没有做事的动力。这是因为在无望的状态下，身体和思想进入了停滞状态。在惊恐或愤怒状态下，你会心跳加速，精力变得惊人充沛，而无望不同于以上两种状态，它会让身体能量急剧下降。尽管如此，广泛性无望依然属于另一种类型的情绪崩溃。

当你因为广泛性无望而情绪崩溃时，我们建议你用 STOP 方案暂停。你可以使用以下方法组合。

鉴于无望感常伴有缺乏行动力的现象，使用此处列出的方法可能并不容易，因为这些方法都需要行动，而且你还可能对它们的效果感到悲观。我们建议你暂时放下"做什么都没用"的念头，让自己行动起来，哪怕只是做一些微不足道的事都是有用的。

推荐的方法组合				
无望	方法8 成就重温 第141页	方法6 智者人格 第137页	方法9 积极前景 第144页	方法12 创建自述 第152页

创建自述：无望

创建关于无望的自述时，你需要回忆一次无望感非常强烈的经历，留意你在被这些感觉淹没时的内心想法。例如，你可能会想"我做什么都没用""我想做点儿什么，但提不起劲来"或者"我没法走出这种状态"。选择其中几个想法，写在下方横线处。

想法1：

_____

想法2：

_____

想法3：

_____

想法 4：

_____

想法 5：

_____

　　你可以根据上述想法写下自述，来缓解无望引发的情绪崩溃。具体做法是，针对每个情绪崩溃的想法，写下对应的积极陈述。例如，"如果我坚持使用这些方法，总有些方法是有用的""我可能不喜欢这样做，但我知道这样做对我最好""就算感觉提不起劲来，我也能行动起来"以及"总有解决办法的，我只需要放开心态，接受各种可能性"。

自述 1：

_____

自述 2：

_____

自述 3：

_____

自述 4：

_____

自述5：

_____

现在你有了一份关于无望的个性化自述列表，挑出
你认为最有用、最有意义或最有帮助的三个，这样你就
得到了建立在方法 12 上的关于无望的自述。你可以把
它们记下来随身携带，以便随时随地使用。

思考：

描述一下你感到特别无望的经历，要具体到细节。

_____

_____

_____

回忆一次你感到很难集中注意力去做一件你明知该
做的事情的经历。描述一下当时的情境以及你做了或没
做什么。

_____

_____

_____

针对刚才描述的经历，想象一下，你可以使用哪些

方法来获得行动力？

_____

_____

_____

有人会为你的行动提供帮助吗？

_____

_____

_____

描述一下未来使用关于无望的自述的各种情境。

_____

_____

_____

难以忍受的沮丧

当沮丧变得难以忍受时，它就有可能成为情绪失控的导火索了。你如果挫折承受度低，就容易受困于外人看来没什么大不了的事情。你的沮丧也会像滚雪球一样，为你出现情绪崩溃的可能性加码。如果你此前的沮丧没有得到排解，那么通常情况下本不会让你情绪崩溃的挫折也可能让你达到临界值。此外，你如果挫折承受度低，就更容易关注和反刍导致沮丧的情境的不公平，而这些反刍想法本身就可能引发情绪崩溃。出于以上原因，当你第一次注意到难以忍受的沮丧时，要暂停一下，运用策略缓解这种情绪。这样做很重要。

当你陷入沮丧时，我们建议你用 STOP 方案暂停。你可以使用以下方法组合。如果你一天下来压力很大（特别是身体疲惫的情况），我们建议你在一天中多次使用这些方法。

推荐的方法组合				
沮丧	方法3 情绪旋钮 第128页	方法2 OK手势 第125页	方法6 智者人格 第137页	方法12 创建自述 第152页

创建自述：难以忍受的沮丧

创建关于沮丧的自述时，回忆一次挫折感非常强烈的经历，留意你在被这些感觉淹没时的内心想法。例如，你可能会想"这事这么久都解决不了，我受不了了""这实在太不公平了"或者"他们怎么会这么蠢"。选择其中几个想法，写在下方横线处。

想法 1：

_____

想法 2：

_____

想法 3：

_____

想法 4：

_____

想法 5：

_____

　　你可以根据上述想法写下自述，来缓解沮丧引发的情绪崩溃。具体做法是，针对每个情绪崩溃的想法，写下对应的积极陈述。你写下的陈述语句不一定在字面意义上与前述想法相反，而应该体现对情况的另一种看法。例如，"不公平是常有的事，我接受这一点""我确实不喜欢等待，但可以利用等待时间做些休整"或者"我选择对我讨厌的人保持理解的态度"。

自述 1：

_____

自述2：

_____

自述3：

_____

自述4：

_____

自述5：

_____

　　现在你有了一份关于沮丧的个性化自述列表，挑出你认为最有用、最有意义或最有帮助的三个，这样你就得到了建立在方法 12 上的关于沮丧的自述。你可以把它们记下来随身携带，以便随时随地使用。

思考：

　　描述记忆里你感到沮丧的经历。

_____

_____

_____

　　你是否在某些情况下会比其他人更沮丧？描述一下这些情况。

_____

_____

_____

　　有哪些人格特征（例如控制欲强、自私、固执等）的人会给你带来沮丧感？你过去是如何应对的？

_____

_____

_____

　　描述一下未来使用关于沮丧的自述的各种情境。

_____

_____

_____

暴怒（尤其是与间歇性暴发性障碍相关的）

　　和与惊恐相关的情绪崩溃类似，暴怒的发生既突然又强烈。"昏了头""失去理智""怒火中烧""暴发"以及"爆炸"等都是暴怒的常见描述。这些描述体现出愤怒瞬间从内心涌出并压倒任何遏制它的力量的倾向。暴怒会带来强烈的生理反应。你会心率加快，血液涌向主要肌肉群，为其提供战斗的能量，释放的激素把你的冲动转为行动。这些属于暴怒部分特征的生理反应决定了迅速采取方法控制这种类型的情绪崩溃是至关重要的。在此之前，你有必要为自己建立暴怒的情绪档案（见第 6 章），这样你就可以在暴怒的第一个标志出现时迅速暂停。

当你暴怒时，我们建议你用 STOP 方案暂停。你可以使用以下方法组合。

注意：由于这种特殊类型的情绪崩溃强度较高，你可能需要在一次暂停中多次使用这些方法。每使用一次，你的活动水平就会降低一些，但要确保在你的愤怒完全消散前持续暂停。此外，简化过程会使暂停无效。

推荐的方法组合				
暴怒	方法4 沉重四肢 第131页	方法3 情绪旋钮 第128页	方法6 智者人格 第137页	方法12 创建自述 第152页

创建自述：暴怒

创建关于暴怒的自述时，回忆一次暴怒非常强烈的经历，留意你在被这些感觉淹没时的内心想法。例如，你可能会想"我要杀了某些人""你以为你是谁"或者"我要找他们算账"。选择其中几个想法，写在下方横线处。

想法1：

_____

想法2：

_____

想法3：

_____

想法4：

_____

想法5：

_____

　　你可以根据上述想法写下自述，来缓解暴怒引发的情绪崩溃。具体做法是，针对每个情绪崩溃的想法，写下对应的积极陈述。例如，"我气坏了，但我能解决这个问题""我不需要立刻采取行动"或者"我可以先思考，后反应"。

自述1：

_____

自述2：

_____

自述3：

_____

自述4：

_____

自述5：

_____

　　现在你有了一份关于暴怒的个性化自述列表，挑出你认为最有用、最有意义或最有帮助的三个，这样你就得到了建立在方法 12 上的关于暴怒的自述。你可以把它们记下来随身携带，以便随时随地使用。

思考：

回忆一下你暴怒的经历。当时你是如何应对的？

_____

_____

_____

　　描述一下未来使用关于暴怒的自述的各种情境。

_____

_____

_____

要点总结

- 了解你的常见情绪导火索，提前准备好本章介绍的方法组合。

- 当你的一种情绪被触发时，其他情绪会更容易被触发。针对每个情绪导火索，使用不同的方法组合。

- 认真练习所有方法，特别是要熟悉应对你常出现的情绪导火索的方法。

- 自述可以降低你的情绪反应水平。

- 把你的情绪导火索及应对方式记下来并随身携带。保留你对所有情绪导火索的自述，特别是你常出现的。

将下表存在手机里，随时随地带在身边。

应对情绪导火索的方法组合				
焦虑	方法1 静观正念 第123页	方法3 情绪旋钮 第128页	方法11 推迟处理 第149页	方法12 创建自述 第152页
惊恐	方法1 静观正念 第123页	方法4 沉重四肢 第131页	方法9 积极前景 第144页	方法12 创建自述 第152页
生理痛 苦难耐	方法1 静观正念 第123页	方法2 OK手势 第125页	方法4 沉重四肢 第131页	方法12 创建自述 第152页
孤独	方法5 支持联盟 第134页	方法6 智者人格 第137页	方法10 情绪共存 第146页	方法12 创建自述 第152页

（续表）

应对情绪导火索的方法组合			
无望	方法 8 成就重温 第 141 页	方法 6 智者人格 第 137 页	方法 9 积极前景 第 144 页	方法 12 创建自述 第 152 页
沮丧	方法 3 情绪旋钮 第 128 页	方法 2 OK 手势 第 125 页	方法 6 智者人格 第 137 页	方法 12 创建自述 第 152 页
暴怒	方法 4 沉重四肢 第 131 页	方法 3 情绪旋钮 第 128 页	方法 6 智者人格 第 137 页	方法 12 创建自述 第 152 页

THE ROAD TO CALM

第 8 章

P：应对人际关系引发的情绪崩溃

你的任务不是去寻找爱，而是去寻找并发现你内心构筑的那些拒绝爱的障碍。

——苏菲派诗人鲁米（Rumi）

再和谐的人际关系也不免会时常引发强烈的情绪反应。你应对这些导火索的方式可能决定着这些关系的走向。本章将展示如何使用 12 种方法减少情绪崩溃的发生，解决人际关系中的冲突。完成 STO 三个步骤之后，你可以继续使用有针对性的方法组合帮你解决当下困扰你的情绪问题。

STOP方案			
S: 扫描想法、情绪、行为和感觉	**T:** 暂停一下	**O:** 应对早期情绪崩溃	**P:** 将所有方法付诸实践

在本章，你将学习如何在应对各种人际关系中的情绪导火索时用 STOP 方案中的 P 将 12 种方法付诸实践。这些情绪导火索包括：

➢ 被遗弃感

➢ 被背叛感

➢ 被控制感

➢ 被批评感

➢ 被评判 / 羞耻感

➢ 被误解感

➢ 不被体谅感

➢ 怨恨

➢ 沮丧 / 无望感

即使在灾难中，我们也能做到冷静。我们的冷静会让他人更冷静。

——印度瑜伽大师沙吉难陀（Swami Satchidananda）

和第 7 章一样，本章中的每个情绪导火索都有一套对应的方法组合，且都以方法 12——创建自述收尾，这是因为个性化以及针对当前问题的自述是最有效的。为此，你将在引导下为本章中的每种情绪挑战创建自述。我们建议你随身携带这些自述，以便暂停时使用（此时复习一下第 7 章中创建自述的环节可能会有帮助）。

人际关系中情绪导火索的应对方法

被遗弃感

作为一分子归属某个家庭或集体是每个人赖以生存的关键。个体在幼年时需要得到悉心照料，否则就会夭折。而且所属的群体规模越大，人际交往越多，你的生理和情绪需求就越有可能得到满足，也就越不容易受到环境中的威胁的侵害。因此，你会出于本能养育后代，建立与他人间的联系，成为某个集体的一员。被遗弃的结局通常是死亡。

在很多早期的人类社会以及如今的一些社会，最残酷的惩罚方式就是逐出家庭或集体。这意味着失去族群的庇护、共同纽带以及集体优势。放逐会导致强烈的情绪折磨，因为被放逐者不得不脱离从小长大的集体，远离至亲至爱之人，独自生活。莎士比亚在《罗密欧与朱丽叶》中给放逐和死亡打了个很贴切的比方：罗密欧哀叹自己被逐出维罗纳时，称放逐只是"死刑的另一种叫法"。

如上所述，集体和归属感的重要性解释了为什么被遗弃感——一种深切、原始的丧失和分离感——会引发强烈的情绪崩溃。你会觉得自己不被需要、孤独，在这个世界上生存的能力受到了威胁。这就是为什么失去情绪联系会成为情绪崩溃的导火索。

当你被被遗弃感支配时，我们建议你用 STOP 方案暂停。你可以使用以下方法组合。

推荐的方法组合				
被遗弃感	方法 1 静观正念 第 123 页	方法 6 智者人格 第 137 页	方法 7 体贴人格 第 139 页	方法 12 创建自述 第 152 页

创建自述：被遗弃感

　　创建关于被遗弃感的自述时，回忆一次被遗弃感非常强烈的经历，留意你在被这些感觉淹没时的内心想法。例如，你可能会想"我孤零零一个人了"或者"没有_____我可怎么活啊""我的生命已经没有意义了"。选择其中几个想法，写在下方横线处。

想法1：

_____

想法 2：

_____

想法3：

_____

想法 4：

_____

想法5：

_____

　　你可以根据上述想法写下自述，来缓解被遗弃感引发的情绪崩溃。具体做法是，针对每个情绪崩溃的想法，写下对应的积极陈述。例如，"停下来想一想，我发现我的生命里还有其他人""尽管我不希望事情变成现在这样，但我还是可以活下去"或者"我的生活质量并不取决于某个人"。

自述1：

_____

自述2：

_____

自述3：

_____

自述4：

_____

自述5：

_____

现在你有了一份关于被遗弃感的个性化自述列表，挑出你认为最有用、最有意义或最有帮助的三个，这样你就得到了建立在方法 12 上的关于被遗弃感的自述。你可以把它们记下来随身携带，以便随时随地使用。

思考：

描述让你产生被遗弃感的情境。

_____

_____

_____

你是如何应对被遗弃感的?

_____

_____

_____

你是否有从童年时起关于被遗弃感的记忆?

_____

_____

_____

描述一下未来使用关于被遗弃感的自述的各种情境,尽量具体一些。

_____

_____

_____

被背叛感

信任是有意义、对生活有积极作用的人际关系最基本的组成部分，对个体在集体中的生活至关重要。一段关系越重要，需要的情绪信任程度就越大，在这种信任受到背叛时也就越痛苦。当你在人际关系中逐步建立信任时，你会不断向对方展露真实的自己，包括你的恐惧、不安、希望和欲望。你建立的情绪信任提供了充足的人际联系、安全感和幸福感。因此，这种信任如果受到背叛，会带来毁灭性的后果。

人无完人，因此我们在各种人际关系中都有可能体验到被背叛感。如果被背叛感是你的情绪导火索，那么可能别人看来再细微不过的小疏忽也会让你感觉受到背叛，内心深受伤害。你感觉到的对信任的任何背叛都可能很强烈，最终导致情绪崩溃，这就是为什么你需要管理这些强烈情绪的方法。

当你被人际关系中的被背叛感支配时，我们建议你用 STOP 方案暂停。你可以使用以下方法组合。

推荐的方法组合				
被背叛感	方法3 情绪旋钮 第128页	方法7 体贴人格 第139页	方法9 积极前景 第144页	方法12 创建自述 第152页

创建自述：被背叛感

创建关于被背叛感的自述时，回忆一次被背叛感非常强烈的经历，留意你在被被背叛感淹没时的内心想法。例如，你可能会想"他这样对我，我太失望了""我信任过她，实在太傻了"或者"我还不够强大，承受不了这种被背叛的感觉"。选择其中几个想法，写在下方横线处。

想法1：

_____

想法2：

_____

想法3：

_____

想法4：

_____

想法5：

_____

你可以根据上述想法写下自述，来缓解被背叛感引发的情绪崩溃。具体做法是，针对每个情绪崩溃的想法，写下对应的积极陈述。例如，"在这种情况下失望很正

常，但它只是暂时的""我没必要因为别人背叛我而自
责""我可以从这次经历中学到东西"以及"我已经足
够强大，可以勇敢面对发生的一切"。

自述1：

_____

自述2：

_____

自述3：

_____

自述4：

_____

自述5：

_____

　　现在你有了一份关于被背叛感的个性化自述列表，
挑出你认为最有用、最有意义或最有帮助的三个，这样
你就得到了建立在方法 12 上的关于被背叛感的自述。
你可以把它们记下来随身携带，以便随时随地使用。

思考：

　　回忆受到背叛的经历，描述这些经历引发的情绪。

_____

_____

_____

在那种情境下，你是如何处理自己的情绪的？

_____

_____

_____

你童年时是否有过被背叛的体验？如果有，请描述一下。

_____

_____

_____

描述一下未来使用关于被背叛感的自述的各种情境，尽量具体一些。

_____

_____

_____

被控制感

为在这个世界上获得安全感，你需要拥有能够选择对生活产生影响的行为和决定的权力。婴儿发现敲打一堆积木能让积木崩塌时会很高兴，而作为一个成年人，当你对自身情况拥有更强的控制力时，你的满意度和信心也会增长。如果你不能自主采取行动或做决定，世界会变得很可怕。因此，在特定情境下，受制于人的感觉也会引发情绪崩溃。

 当你在人际关系中陷入被控制感不可自拔时，我们建议你用 STOP 方案暂停。你可以使用以下方法组合。

推荐的方法组合				
被控制感	方法 1 静观正念 第 123 页	方法 10 情绪共存 第 146 页	方法 3 情绪旋钮 第 128 页	方法 12 创建自述 第 152 页

 创建自述：被控制感

你可以先回忆一次被控制感非常强烈的经历，留意你在被被控制感淹没时的内心想法。选择其中几个想法，写在下方横线处。例如，你可能会想"为什么我没有发言权""她想强迫我听她的"或者"他们非让我这么做的时候我很不爽"。

想法1：

_____

想法2：

_____

想法3：

_____

想法4：

_____

想法5：

_____

你可以根据上述想法写下自述，来缓解被控制感引发的情绪崩溃。具体做法是，针对每个情绪崩溃的想法，写下对应的积极陈述。例如，"我对决定应该有发言权""我有勇气摆脱他人控制""我可以尊重他们，听他们如何建议，但最后还是要自己做决定"。

自述1：

_____

自述2：

_____

自述3：

_____

自述4：

_____

自述5：

_____

　　现在你有了一份关于被控制感的个性化自述列表，挑出你认为最有用、最有意义或最有帮助的三个，这样你就得到了建立在方法12上的关于被控制感的自述。你可以把它们记下来随身携带，以便随时随地使用。

思考：

描述回忆中让你产生被控制感的情境。

_____

_____

_____

　　在生活中，你感到自己容易受到哪些人的控制？你是如何回应他们的？

_____

_____

_____

描述一下未来使用关于被背叛感的自述的各种情境。

_____

_____

_____

被批评感

建设性的批评是人际关系中自然的组成部分，但即使你本可以平心静气地接受合理批评，贬低形式的批评也可能导致情绪崩溃。另外，如果你曾经受到过嘲笑或尖刻、羞辱性的批评，批评的行为可能让你一点就炸。此外，一些完美主义者也会对批评高度敏感。在这些情况下，批评可能会让你产生自己一无是处的自卑感，仿佛你这个人的存在就是有问题的，从而削弱了你的自我价值感。此时，被批评感往往会引发情绪崩溃。

当你陷于被批评感不可自拔时，我们建议你用 STOP 方案暂停。你可以使用以下方法组合。

推荐的方法组合				
被批评感	方法8 成就重温 第141页	方法2 OK手势 第125页	方法7 体贴人格 第139页	方法12 创建自述 第152页

创建自述：被批评感

　　回忆一次被批评感非常强烈的经历，留意你在被这些感觉淹没时的内心想法。例如，你可能会想"他们以为他们是谁，可以这样批评我""我很努力了，但她还是挑我的毛病"或者"我怎么会做这么蠢的事"。选择其中几个想法，写在下方横线处。

想法 1：

———————————————————————————

想法 2：

———————————————————————————

想法 3：

———————————————————————————

想法 4：

———————————————————————————

想法 5：

———————————————————————————

　　你可以根据上述想法写下自述，来缓解被批评感引发的情绪崩溃。具体做法是，针对每个情绪崩溃的想法，写下对应的积极陈述。例如，"我想想能从这种反馈中学到什么""我已经尽力了，可能问题更多在她而不在我""我不喜欢犯错，但犯错后我能接受现实"或者"人人都会犯错"。

自述1：

_____

自述2：

_____

自述3：

_____

自述4：

_____

自述5：

_____

现在你有了一份关于被批评感的个性化自述列表，挑出你认为最有用、最有意义或最有帮助的三个，这样你就得到了建立在方法 12 上的关于被批评感的自述。你可以把它们记下来随身携带，以便随时随地使用。

思考：

描述回忆中让你产生被批评感的情境。

_____

_____

_____

　　在生活中，哪些人容易让你产生被批评感？你是如何回应他们的？

_____

_____

_____

　　描述一下未来使用关于被批评感的自述的各种情境。

_____

_____

_____

被评判 / 羞耻感

　　作为独立个体的自我价值和价值观受到直接、刻意的攻击时，你会产生被评判的感觉。被评判感和被批评感的不同之处在于，前者对人而非对事的倾向更强。评判是一种传达蔑视和轻蔑的声明，凸显了被评判者的弱势地位，会让被评判者感到被贬低和自卑，质疑自身是否存在问题。对他人评判的过度反应的表现之一是，你对自身价值产生怀疑，从而感到羞耻。羞耻感传达的并不是"我犯了一个错误"这个信息,而是更深层次的"我的存在才是错误,我本身存在缺陷"的信息。这种信息往往会引发情绪崩溃。

每个人都多多少少会受到他人的评判。受到他人的强烈反对并感到尴尬是正常生活的一部分。例如,课前没有预习的学生可能会被教授奚落,而上班族也可能遇到老板当着同事面批评自己工作表现的情况。没有人喜欢被评判的感觉,但对一些人来说,他人的评判会激发他们原本就很强烈的羞耻感。

根深蒂固的羞耻感可能会导致过度的情绪崩溃,尤其是在评判者做出严厉的评判之后没有表达关怀和认可的情况下。被评判者的神经系统对羞耻感的反应明显,是因为幼年时期在被否定之后没能立刻重新感受到关怀和爱意。[1]如果缺乏这种重新联系,发育中的神经系统就无法在羞耻感产生后立即重新调节情绪。作为一个孩子,你需要学会如何安全地探索世界,而作为一个成年人,你的神经系统则需要学会如何在经历羞耻感之后快速进行调节。

当你感到强烈的被评判感和羞耻感时,我们建议你用 STOP 方案暂停。你可以使用以下方法组合。

---

① 见艾伦·斯科尔(Allan Schore)论文《眶前额皮层调节系统的经验依赖性成熟和发展性精神病理学的起源》(The Experience-dependent Maturation of a Regulatory System in the Orbital Prefrontal Cortex and the Origin of Developmental Psychopathology)。——编者注

你和整个宇宙中的任何人一样，都值得你自己的爱意。

——释加牟尼

推荐的方法组合				
被评判/ 羞耻感	方法1 静观正念 第123页	方法2 OK手势 第125页	方法6 智者人格 第137页	方法12 创建自述 第152页

创建自述：被评判 / 羞耻感

　　回忆一次被评判 / 羞耻感非常强烈的经历，留意你在情绪崩溃时的内心想法。选择其中几个想法，写在下方横线处。例如，你可能会想"我一无是处""我什么事都做不好""我很痛苦"或"这种感觉一直纠缠着我"。

想法1：

_____

想法2：

_____

想法3：

_____

想法4：

_____

想法5：

_____

　　你可以根据上述想法写下自述，来缓解被评判 / 羞耻感引发的情绪崩溃。具体做法是，针对每个情绪崩溃的想法，写下对应的积极陈述。例如，"我自身没问题""我经常出色地完成任务，以后也会这样""我要给自己一些同理心"或者"我已经在很多方面做出了改变，也可以在其他方面做出改变"。

自述1：

_____

自述2：

_____

自述3：

_____

自述4：

_____

自述5：

_____

　　现在你有了一份关于被评判 / 羞耻感的个性化自述

列表，挑出你认为最有用、最有意义或最有帮助的三个，这样你就得到了建立在方法 12 上的关于被评判 / 羞耻感的自述。你可以把它们记下来随身携带，以便随时随地使用。

思考：

描述让你产生被评判 / 羞耻感的情境。

_____

_____

_____

在生活中，哪些人容易让你有被评判 / 羞耻感？你是如何回应他们的？

_____

_____

_____

描述一下未来使用关于被评判 / 羞耻感的自述的各种情境。

_____

_____

_____

被误解感

最糟糕的谎言是被听者误解的真相。

——美国心理学家威廉·詹姆斯（William James）

有人曾经这样说："我不介意被人讨厌，但真的讨厌被人误解。"你可能有过这样令人沮丧的经历：你认为自己表达得够清楚了，但信息却被对方误解了。发生这种情况的原因有几个。有时倾听对象可能没有听清楚。有时沟通对象是根据自己的理解先入为主，再对你想传递的信息或沟通的内容做出反应的，而这种情况下的理解通常是不准确的。

有时，被误解的不是信息，而是行为。比如，你给好朋友提了善意的建议，但他／她误解了你的意图，反而感到被冒犯。或是你在做一些需要专业技术的任务时遇到困难，要求你的配偶提供帮助，但他／她误解了你的请求，直接替你完成了任务。或是你给一位同事写的报告提供反馈，但他／她却认为你想炫耀自己的写作水平比他／她强。发自善意的行为或帮助不被他人领情的例子不胜枚举。

正如我们在第 3 章中讨论的，当他人看到和感受到你的情绪时，同调联系和情绪共鸣就会发生。事实上，根据精神病学家、作家、人际神经生物学家丹尼尔·西格尔的观察，共情关系的核心是将我们脑中的清晰图像发送到另一个人的脑中。要想在人际关系中获得快乐，关键就是感受到对方对自己的理解。当你被误解时，人际关系中的任何满足感都会暂时消逝，这甚至可能会引发情绪崩溃。综上所述，正因为被理解感是同调联系的关键，被误解感才会导致情绪问题。

当被误解感导致的情绪崩溃发生时，我们建议你用 STOP 方案暂停。你可以使用以下方法组合。

推荐的方法组合				
被误解感	方法1 静观正念 第123页	方法7 体贴人格 第139页	方法10 情绪共存 第146页	方法12 创建自述 第152页

创建自述：被误解感

回忆一次被误解感非常强烈的经历，留意你在情绪崩溃时的内心想法。例如，你可能会想"他们怎么就不懂我呢""你到底有没有在听我说话""我怎么才能跟你说清楚呢"或者"我太不擅长解释了"。选择其中几个想法，写在下方横线处。

想法1：

_____

想法 2:

_____

想法 3:

_____

想法 4:

_____

想法 5:

_____

你可以根据上述想法写下自述，来缓解被误解感引发的情绪崩溃。具体做法是，针对每个情绪崩溃的想法，写下对应的积极陈述。例如，"他可能不是一个好的倾听者，但他有很多别的优秀品质""我是不是可以换一种方式向她解释""我要经常和别人沟通，这样人家才能理解我的意思"。

自述 1:

_____

自述 2:

_____

自述 3:

_____

自述 4：

_____

自述 5：

_____

　　现在你有了一份关于被误解感的个性化自述列表，挑出你认为最有用、最有意义或最有帮助的三个，这样你就得到了建立在方法 12 上的关于被误解感的自述。你可以把它们记下来随身携带，以便随时随地使用。

思考：

描述让你感到被误解的情境。

_____

_____

_____

　　在生活中，哪些人容易让你有被误解感？你是如何回应他们的？

_____

_____

_____

　　描述一下未来使用关于被误解感的自述的各种

情境。

_____

_____

_____

不被体谅感

感觉亲近的人无法体谅你，对你的痛苦无动于衷，也可能导致情绪崩溃。我们在《爱情中的焦虑》一书中将共情定义为"理解他人的感受并在情绪方面设身处地为他人着想的能力"。当然，你不可能完全对另一个人的遭遇感同身受，但你可以从情绪上感知到他人的感受。"当你对他人产生共情时，你便触及了另一个人的情绪世界……并能将这种理解传达给对方。"婚姻治疗师、《得到你想要的爱》（*Getting the Love You Want*）的作者哈维尔·亨德里克斯（Harville Hendrix）博士证实了共情这个概念。他写道："共情是你能拥有的关于人际纽带的最有力量的体验。它能够复原过往关于联系与联合的经验。"[①]

人类对共情的需求可以追溯到婴儿时期。关于依恋的心理学研究表明，婴儿能否发展出安全的依恋，在很大程度上取决于照顾者共情能力的强弱。研究还调查了共情的先天需求，以及共情的缺失对儿童发育产生的影响。幼年时期来自照顾者的共情的缺

---

① 见《留在船上划桨：亨德里克斯博士对伴侣们的建议》（*Stay on the Boat and Paddle: Advice for Couples from Harville Hendrix, Ph. D.*）。——编者注

失，会给被照顾者从童年、青春期到成年的个人成长历程留下持续的影响。当你觉得他人不能或不愿与你共情时，童年时期被切断情绪联系的感觉可能会被重新唤起。与羞耻感一样，无法得到共情引发的痛苦可能导致情绪崩溃。

马萨诸塞大学波士顿分校婴幼儿亲子心理健康项目（University of Massachusetts-Boston's Infant-Parent Mental Health Program）主任爱德华·特罗尼克（Edward Tronick）博士及其同事在 1978 年进行的一项研究揭示，共情的缺失会对婴儿产生极大的影响。特罗尼克让被试的母亲在与婴儿相处时不做出任何反应，始终保持面无表情。当婴儿没能从母亲那里得到流露情绪的回应时，他们会有悲伤、疏离和躁动不安的反应。这项研究表明，人类从婴儿时期起就需要来自亲近的人的情绪共鸣。一旦被剥夺这种共鸣，他们就有可能出现情绪崩溃。作为成年人，你可能也会对他人无法体谅你产生类似的反应。

当你因为无法被他人体谅而经历情绪崩溃时，我们建议你用 STOP 方案暂停。你可以使用以下方法组合。

推荐的方法组合				
不被体谅感	方法1 静观正念 第123页	方法5 支持联盟 第134页	方法6 智者人格 第137页	方法12 创建自述 第152页

创建自述：不被体谅感

回忆一次不被他人体谅的感觉非常强烈的经历，留意你在情绪崩溃时的内心想法。例如，你可能会想"他如果关心我，就该在意我的痛苦""我在这段关系中真的感到很孤独"或者"她不明白我，也不关心我，这让我很痛苦"。选择其中几个想法，写在下方横线处。

想法1：

_____

想法2：

_____

想法3：

_____

想法4：

_____

想法5：

_____

你可以根据上述想法写下自述，来缓解不被体谅感引发的情绪崩溃。具体做法是，针对每个情绪崩溃的想法，写下对应的积极陈述。例如，"他会用其他方式表达关心""我们之间的感情很深，只是偶尔没有体现而已""她没能以我希望的方式体谅我，不意味着她真的不关心我"或者"就算他不擅长共情，我的生活中还有其他人会体谅我，我也可以体谅自己"。

自述 1：

_____

自述 2：

_____

自述 3：

_____

自述 4：

_____

自述 5：

_____

现在你有了一份关于不被体谅感的个性化自述列表，挑出你认为最有用、最有意义或最有帮助的三个，这样你就得到了建立在方法 12 上的关于不被体谅感的自述。你可以把它们记下来随身携带，以便随时随地使用。

思考：

描述让你感到他人无法体谅你的情境。

_____

_____

_____

在生活中，你身边哪些人最容易不体谅你？你是如何回应他们的？

_____

_____

_____

描述一下未来使用关于不被体谅感的自述的各种情境。

_____

_____

怨　恨

怨恨可以被定义为对不公平待遇怀恨在心的感受。但怨恨非但不能激励你采取积极的行动，也不能解决问题。怨恨会愈演愈烈，可能会让你纠结与重温现实或想象中的伤害。

怨恨与愤怒不同。愤怒如果被利用得当，会刺激你采取积极行动扭转局面，但怨恨只会助长愤懑情绪。即使导致怨恨的问题已经得到解决，这种情绪本身仍可能继续存在。你会一遍又一遍回想遭受不公平待遇的经过，不知不觉中再次发生情绪崩溃。

当你因为怨恨而发生情绪崩溃时，我们建议你用STOP 方案暂停。你可以使用以下方法组合。

推荐的方法组合				
怨恨	方法3 情绪旋钮 第128页	方法1 静观正念 第123页	方法6 智者人格 第137页	方法12 创建自述 第152页

创建自述：怨恨

回忆一次怨恨非常强烈的经历，留意你在情绪崩溃时的内心想法。例如，你可能会想"那场考试太不公平了""我不该被这样对待"或者"我付出了那么多努力，就该我升职"。选择其中几个想法，写在下方横线处。

想法1：

_____

想法2：

_____

想法3：

_____

想法4：

_____

想法5：

_____

你可以根据上述想法写下自述，来缓解怨恨引发的情绪崩溃。具体做法是，针对每个情绪崩溃的想法，写下对应的积极陈述。例如，"生活不总是公平的""我确实值得被善待，也得到了大多数人的善待""尽管没有得到升职机会让我有些失望，但我对我完成的工作感到自豪"。

自述1：

_____

自述2：

_____

自述3：

_____

自述4：

_____

自述 5：

_____

现在你有了一份关于怨恨的个性化自述列表，挑出你认为最有用、最有意义或最有帮助的三个，这样你就得到了建立在方法 12 上的关于怨恨的自述。你可以把它们记下来随身携带，以便随时随地使用。

思考：

描述让你产生怨恨的情境。

_____

_____

_____

在生活中，你身边哪些人最容易引发你的怨恨？你是如何回应他们的？

_____

_____

_____

描述一下未来使用关于怨恨的自述的各种情境。

_____

_____

_____

沮丧 / 无望感

在一段关系中感到沮丧或无望，通常是因为你认为这段关系已经走进了死胡同，让你束手无策了。在某些情况下，办法还是有的，只是你还没有想到，这时你也会出现这种情绪。可以说，沮丧限制了你的创造性思维，因此，你需要提醒自己可能存在你未曾考虑到的方法。

不幸的是，有些因素是你无法改变的，特别是在人际关系中。虽然你可以索取你需要的东西，传达你想传达的思想，并恳求他人回应，但你毕竟无法控制他人的行为。例如，哪怕尽最大努力，你可能也无法让上司以你理想中的方式与你沟通。或者，尽管你多次要求，你的伴侣始终把工作放在家庭之前。无论在什么情况下，当你始终无法找到人际关系中问题的解决办法时，你会有一种压倒性的沮丧感。这可能会引发情绪崩溃。

 当你因为一段关系进入僵局而感到沮丧或无望时，我们建议你用 STOP 方案暂停。你可以使用以下方法组合。

推荐的方法组合				
沮丧／ 无望感	方法8 成就重温 第141页	方法9 积极前景 第144页	方法5 支持联盟 第134页	方法12 创建自述 第152页

创建自述：沮丧／无望感

　　回忆一次沮丧／无望感非常强烈的经历，留意你在情绪崩溃时的内心想法。例如，你可能会想"我放弃了，他永远不会改变""在这种情况下，我觉得我什么都做不了"或者"我想过所有可能的解决办法，但都没用"。选择其中几个想法，写在下方横线处。

想法1：

_____

想法2：

_____

想法3：

_____

想法4：

_____

想法5：

_____

你可以根据上述想法写下自述，来缓解沮丧／无望感引发的情绪崩溃。具体做法是，针对每个情绪崩溃的想法，写下对应的积极陈述。例如，"我有更多选择，我们还没试过夫妻问题咨询""我还没失去希望，我还可以问问别人的建议""我可以接受我无法改变的现状"。

自述1：

_____

自述2：

_____

自述3：

_____

自述4：

_____

自述5：

_____

现在你有了一份关于沮丧／无望感的个性化自述列表，挑出你认为最有用、最有意义或最有帮助的三个，这样你就得到了建立在方法 12 上的关于沮丧 / 无望感的自述。你可以把它们记下来随身携带，以便随时随地使用。

思考：

描述让你产生沮丧 / 无望感的情境。

_____

_____

_____

在生活中，你身边哪些人最容易引发你的沮丧 / 无望感？你是如何回应他们的？

_____

_____

_____

描述一下未来使用关于沮丧 / 无望感的自述的各种情境。

_____

_____

_____

要点总结

- 人类不是独居动物。与身边人的亲密关系既可以带来巨大的满足，也可以带来消极情绪。

- 当你因为一段关系面临挑战而情绪崩溃时，STOP方案和推荐的方法组合可以帮助你减轻反应强度并停止情绪崩溃。

- 了解人际关系中会导致你情绪崩溃的导火索，并将各种方法组合随时带在身边。

- 你的自述有很强大的作用。因此，识别自我否定的自述，用针对当下情绪的肯定自述来反驳它们，这一点至关重要。

- 将你针对所有导火索的自述记在手机里，方便随时随地使用。

- 将下表存入手机，随身携带。

处理人际关系引发的情绪崩溃的方法组合			
被遗弃感	方法 1 静观正念 第 123 页	方法 6 智者人格 第 137 页	方法 7 体贴人格 第 139 页	方法 12 创建自述 第 152 页
被背叛感	方法 3 情绪旋钮 第 128 页	方法 7 体贴人格 第 139 页	方法 9 积极前景 第 144 页	方法 12 创建自述 第 152 页
被控制感	方法 1 静观正念 第 123 页	方法 10 情绪共存 第 146 页	方法 3 情绪旋钮 第 128 页	方法 12 创建自述 第 152 页
被批评感	方法 8 成就重温 第 141 页	方法 2 OK 手势 第 125 页	方法 7 体贴人格 第 139 页	方法 12 创建自述 第 152 页
被评判/ 羞耻感	方法 1 静观正念 第 123 页	方法 2 OK 手势 第 125 页	方法 6 智者人格 第 137 页	方法 12 创建自述 第 152 页

（续表）

	处理人际关系引发的情绪崩溃的方法组合			
被误解感	方法1 静观正念 第123页	方法7 体贴人格 第139页	方法10 情绪共存 第146页	方法12 创建自述 第152页
不被体 谅感	方法1 静观正念 第123页	方法5 支持联盟 第134页	方法6 智者人格 第137页	方法12 创建自述 第152页
怨恨	方法3 情绪旋钮 第128页	方法1 静观正念 第123页	方法6 智者人格 第137页	方法12 创建自述 第152页
沮丧/ 无望感	方法8 成就重温 第141页	方法9 积极前景 第144页	方法5 支持联盟 第134页	方法12 创建自述 第152页

THE ROAD TO CALM

第 9 章

巩固你的成功

好习惯值得狂热追求。

——约翰·欧文（John Irving）

研究表明，实现长久改变的方法是反复使用一项新技能，直到它成为习惯。在本章中，我们重点讨论"习惯成自然"现象。只有持续应用学到的技能，才能确保发生持久的变化，并最终实现个人转变。

坏消息和好消息

捕捉并改变根深蒂固的情绪反应并不容易。能让你遇到的阻碍最小的途径就是维持现有的模式。这是个坏消息。

而好消息是，通过反复练习，几乎所有有意选择的反应或行动都可以成为习惯，成为新的默认反应。

习惯成自然背后的神经科学

神经科学家已经了解到，反复练习健康的反应可以导致思维、行为和反应方式的永久性改变，其部分原因在于大脑具有创造新神经通路的惊人能力。这就像在森林中开辟新道路一样——一开始本没有路，需要人为铺设，但走的次数多了，路就形成了。同样，你的大脑也会沿着多次"踏足"的路径反应，最终形成你的默认反应。要知道，如果你习惯走的路一直导致情绪崩溃，你可以开辟新的道路。通过练习在本手册中学到的方法，你提高了调节情绪的技能的水平。在这个过程中，你铺设了新的神经通路，这需要持续的努力和反复的情绪调节练习来促进。久而久之，你对曾经的情绪导火索会产生新的自动反应。

保持习惯的巩固练习

因此，为了改变习惯性反应、创造新的神经通路，你需要进行大量的练习。当你反复使用这些方法时，你就在新的道路上留下了脚印，一步一步踩出了新的默认反应。然而，铺设新通路是一回事，走这条路是另一回事。

即使你知道每天练习对你有益，但要腾出时间来培养和维持新习惯可能非常困难，尤其是当你很忙或没有足够动力去做的时候。例如，你可能知道减少糖分摄入和定期锻炼有助于保持健康体重，但在面对诱惑时经常无法坚持原则。养成好习惯和摆脱坏习惯是很难的，这点你已经有所了解。为解决这个问题，下面的巩固练习可以帮你把每日压力接种和 STOP 方案变成一种习惯。

帮助保持习惯的推荐方法：

➢ 用"智者人格"来保持（节选自方法 6）

➢ 用"积极前景"来保持（节选自方法 9）

➢ 用"创建自述"来保持（节选自方法 12）

用"智者人格"来保持

目的：

➢ 承认你有能力唤起内心坚定、坚持原则的那部分人格。

➢ 通过这个睿智的人格来排除反复练习时遇到的任何阻力，确保日常练习的进行，并在需要时及时暂停。

通过方法 6，你学会了展示自己睿智的一面——有能力、踏实、成熟、有同理心、明智。在情绪崩溃或需要严格约束自己行为的时候，这个方法都会派上用场。下面的训练将帮助你在需要坚持日常练习的时候唤起智者人格，让你走上正轨，阻止情绪崩溃。

 要领：

1. 回忆一件能体现自己睿智、善于共情、自律、成熟的事例。

2. 当你展现出睿智的一面时，留意并关注当时的感觉。

3. 认识到你可以随时唤醒这部分成熟的人格来引导自己做出行动，帮助你坚持练习本手册中的方法。

4. 深刻体会这种人格带来的变化，留意并关注自己这一面被唤醒并开始活跃时的感觉。

思考：

你想起了哪些能体现你自律品质的具体事例？你当时在哪里？遇到了什么困难？当时的情况是怎样的？请尽可能详细地描述。

_____

_____

_____

唤起那个自律、善良、坚定的人格会给你怎样的感觉？

_____

_____

_____

在未来的哪些特定情况下，你会使用"智者人格"这一方法？尽可能具体地描述一下。

_____

_____

_____

用"积极前景"来保持

目的:

➢ 情绪崩溃发生时,有意识地去打断它。

➢ 用推荐的方法组合练习后,充分体验满足感和自豪感。

➢ 保持定期使用这些方法的习惯。

为自己制造动力来反复练习缓解情绪崩溃的方法是很重要的。在掌握"积极前景"的方法后,想象一下恢复情绪平衡后的情景。通过下面的训练,你可以利用这项技能以不同的方式为你服务,"快进"到不久的将来,你就能成功地使用这些方法了:你可以熟练地进行每日压力接种练习;轻松地暂停;意识到自己可以轻松而熟练地使用这些方法;随着你使用这些方法的次数增加,你抵御情绪崩溃的力量也会增加;你将从所有努力中获益。

要领:

1. 现在,体会坚持好习惯带给你的满足感。

2. 想象一种通过不断练习来迅速恢复情绪平衡的积极未来。

思考:

在未来的某个时刻,当你可以积极使用这些方法来控制情绪崩溃时，你感觉如何？在你的想象中，这个未来的时刻仿佛就发生在当下，你又感觉如何？

_____

_____

_____

在未来的哪些情况下，这个方法对你的帮助会比平时更大？（例如，当你因为疲惫、压力大或事情太多而缺乏动力的时候。）

_____

_____

_____

用"创建自述"来保持

目的：

➤ 利用言语的力量。

➤ 意识到并再次明确你可以创建帮助你持续使用这些方法的自述。

➤ 面对并克服持续使用这些方法的任何阻碍。

现在，你已经针对一些使你陷入情绪崩溃的导火索创建了自述，并使用这些自述来让暂停告一段落。自述巩固了你每次结束暂停时对情绪的成功调控，也使你准备好重新与世界接触，并从情绪调控的角度继续你一天的活动。

自述对激励你在日常生活中持续使用暂停（和每日压力接种）而言也是至关重要的。每当你陷于抵触情绪时，自述会快速、有效地让你回到正轨。你可以在需要的时候简单地重复写好的自述。

创建自述：坚持练习

回想一下，你是否有过清楚为了自己的最佳利益必须采取某些行动，却无法强迫自己这样做的时候。回忆一下失去行动力或拖延时的内心想法。例如，你可能会想"我就是没法让自己去做这件事""我现在太忙了，空不出手来做"或者"我知道我应该去做，但我还是想看电视"。选择其中几个想法，写在下方横线处。

想法 1：

_____

想法 2：

_____

想法 3：

_____

想法4：

_____

想法5：

_____

    现在，根据上述想法写下你的自述，来督促自己在日常生活中使用这些方法。为此，针对每一个与抗拒或拖延有关的想法，写一段富有同情心、鼓励性的陈述。例如，"我需要先满足自己的需要""我期待体验放松、平静和接受新观点的感觉"以及"我之所以使用这些方法，是因为不受情绪控制对我很重要"。

自述1：

_____

自述2：

_____

自述3：

_____

自述4：

_____

自述5：

_____

现在你有了一份自述列表，挑出你认为最有用、最有意义或最有帮助的三个。然后，你就可以用这些自述进行方法 12 的实践了。

思考：

用自述来克服方法实践过程中的阻碍，你感觉如何？

_____

_____

_____

消极想法是如何影响你在行动或习惯上的选择的？积极自述是如何帮你履行对自己的承诺的？

_____

_____

_____

你的旧习惯是可以改变的

我们反复做的事情造就了我们。

——美国演讲家、企业家肖恩·柯维（Sean Covey）

大量、反复的实践练习是有效再训练大脑和情绪反应的关键所在。但你首先要有意愿，能迅速注意到并打断失控的情绪，然后练习健康的新反应。这样一来，你才可能中断自己易被触发并导致情绪崩溃的默认模式，永久性地建立新的情绪反应。所以，实践才能巩固新习惯。通过实践，持久的变化会带来你想要的结果。

永久，但不完美

尊重你的努力，尊重你自己。自尊才能自律。当你牢牢把握住这两样东西时，你才能拥有真正的力量。

——美国导演克林特·伊斯特伍德（Clint Eastwood）

你可能对"熟能生巧"这句话很熟悉，然而，完美一般是很难达到的。人是兼具理性和感性的生物。你的行为和互动是由逻辑和情绪共同推动的。这就是为什么你和所有人一样，都会犯错误，比如踩到别人的脚趾，或是因为受到情绪的强烈影响而做出在逻辑上并不总符合自己最佳利益的选择。这些都是生而为人的一部分。所以，健康的互动指的并不是永远不犯错，而是一种在情绪的反应强度和威胁的严重程度之间保持平衡的能力；是开始或结束一段关系，犯错，然后重新联系和调整，最终达到情绪平衡的能力。

情绪调节的目标并不是变得没有情绪,相反,是为了缓和对生活中不可避免的情绪导火索的反应强度,让你充分感知自己的情绪,而不再担忧会发生情绪崩溃。当你学会耐心、持续地管理自己的情绪,避免过度反应后,你就能创造出一个稳定而脚踏实地的内心环境,从而改变你的生活。

要点总结

- 大量、反复的实践练习是有效再训练大脑和改变情绪反应的关键所在。

- 知道某件事符合你的最大利益和真的去做这件事是两回事。

- 利用方法 6、9 和 12，增强你做每日压力接种练习和实施 STOP 方案的动力。

附录A　附加资料

参考资料

以下组织机构可以为你提供情绪管理方面的信息。

美国焦虑和抑郁协会

www.adaa.org

焦虑网

www.anxieties.com

本森-亨利心身医学研究所

www.bensonhenryinstitute.org

抑郁和双相情感障碍支持联盟

www.dbsalliance.org

国际强迫症基金会

www.iocdf.org

国际创伤与解离研究学会

www.isst-d.org

美国国家心理疾病联盟

www.nami.org

美国国家愤怒管理协会

www.namass.org

美国国家创伤后应激障碍中心

www.ptsd.va.gov

社交恐惧 / 社交焦虑协会

www.socialphobia.org

延伸阅读

愤　怒

Carter, L., & Minirth, E. (2012). *The anger workbook*. Nashville, TN: Thomas Nelson.

McKay, M., & Rogers, P. (2000). *The anger control workbook*. Oakland, CA: New Harbinger.

焦　虑

Antony, M., Craske, M., & Barlow, D. (2006). *Mastering your fears and phobias: Workbook (Treatments that work)* (2nd ed.). New York, NY: Oxford University Press.

Antony, M., & Norton, P. (2009). *The anti-anxiety workbook: Proven strategies to overcome worry, phobias, panic, and obsession*. New York, NY: Guilford Press.

Bourne, E. (1995). *The anxiety & phobia workbook*. Oakland, CA: New Harbinger.

Burns, D. (2006). *When panic attacks: The new, drug-free anxiety therapy that can change your life*. Morgan Road Books.

Daitch, C. (2011). *Anxiety disorders: The go-to guide for clients and therapists*. New York, NY: Norton.

Davis, M., Eshelman, E., & McKay, M. (1982). *The relaxation and stress reduction workbook*. Oakland, CA: New Harbinger.

Foa, E., & Wilson, R. (2001). *Stop obsessing! How to overcome your obsessions and compulsions*. New York, NY: Bantam Books.

Forsyth, J., & Eifert, G. (2007). *The mindfulness and acceptance workbook for anxiety*. Oakland, CA: New Harbinger.

Heyman, B., & Pedrick, C. (1999). *The OCD workbook: Your guide to breaking free from obsessive-compulsive disorders*. Oakland, CA: New Harbinger.

Weeks, C. (1990). *Hope and help for your nerves*. New York, NY: Signet.

Wehrenberg, M. (2012). *The 10 best-ever anxiety management techniques workbook*. New York, NY: Norton.

Wilson, R. (1996). *Don't panic: Taking control of anxiety attacks* (rev. ed.). New York, NY: Harper/Perennial Library.

大脑与神经科学

Goleman, D. (2003). *Destructive emotions*. New York, NY: Bantam Books.

LeDoux, J. (1996). *The emotional brain: The mysterious underpinnings of emotional life*. New York, NY: Simon & Schuster.

Nhat Hanh, T. (1975). *The miracle of mindfulness*. Boston, MA: Beacon.

Siegel, D. (2007). *The mindful brain: Reflection and attunement in the cultivation of well-being*. New York, NY: Norton.

抑 郁

Burns, D. D. (2008). *Feeling good: The new mood therapy*. New York, NY: HarperCollins.

Copeland, M. E., & MacKay, M. (2002). *The depression workbook: A guide for living with depression and manic depression* (2nd ed.). Oakland, CA: New Harbinger.

Williams, M., Teasdale, J., Zindel, S., & Kabat-Zinn, J. (2007). *The mindful way through depression: Freeing yourself from chronic unhappiness*. New York, NY: Guilford Press.

Zetin, M., Hoepner, T., & Kurth, J. (2010). *Challenging depression: The go-to guide for clinicians and patients*. New York, NY: Norton.

巩固关系

Daitch, C., & Lorberbaum, L. (2012). *Anxious in love: How to manage your anxiety, reduce conflict, and reconnect with your partner*. Oakland, CA: New Harbinger.

Fruzzetti, A., & Linehan, M. (2006). *The high-conflict couple: A dialectical behavior therapy guide to finding peace, intimacy, & validation*. Oakland,CA: New Harbinger.

Gottman, J. (1994). *Why marriages succeed or fail*. New York, NY: Simon & Schuster.

Gottman, J., & Silver, N. (1999). *The seven principles for making marriage work*. New York, NY: Three Rivers Press.

Hendrix, H. (2007). *Getting the love you want: A guide for couples, 20th anniversary edition*. New York, NY: Henry Holt.

Hunt, H., & Hendrix, H. (2003). *Getting the love you want workbook*. New York,NY: Atria Books.

Siegel, D. (2012). *Pocket guide to interpersonal neurobiology: An integrative handbook of the mind*. New York, NY: W. W. Norton.

Siegel, D. (2012). *The developing mind: How relationships and the brain interact to shape who we are* (2nd ed.). New York, NY: Guilford Press.

Zeig, J., & Kulbatski, T. (2011). *Ten commandments for couples: For every aspect of your relationship journey*. Phoenix, AZ: Zeig, Tucker & Theisen.

管理情绪

Benson, H. (1984). *Beyond the relaxation response*. New York, NY: Times Books.

Daitch, C. (2007). *Affect regulation toolbox: Practical and effective hypnotic interventions for the over-reactive client*. New York, NY: W.W. Norton.

Kabat-Zinn, J. (1991). *Full catastrophe living: Using the wisdom of your body and mind to face stress, pain and illness*. McHenry, IL: Delta.

Teasdale, J., Williams, M., & Segal, Z. (2014). *The mindful way workbook: An 8-week program to free yourself from depression and emotional distress*.New York, NY: Guilford Press.

附录B　推荐的方法组合

	应对情绪导火索的方法组合			
焦虑	方法1 静观正念 第123页	方法3 情绪旋钮 第128页	方法11 推迟处理 第149页	方法12 创建自述 第152页
惊恐	方法1 静观正念 第123页	方法4 沉重四肢 第131页	方法9 积极前景 第144页	方法12 创建自述 第152页
生理痛 苦难耐	方法1 静观正念 第123页	方法2 OK手势 第125页	方法4 沉重四肢 第131页	方法12 创建自述 第152页

（续表）

应对情绪导火索的方法组合			
孤独	方法5 支持联盟 第134页	方法6 智者人格 第137页	方法10 情绪共存 第146页	方法12 创建自述 第152页
无望	方法8 成就重温 第141页	方法6 智者人格 第137页	方法9 积极前景 第144页	方法12 创建自述 第152页
沮丧	方法3 情绪旋钮 第128页	方法2 OK手势 第125页	方法6 智者人格 第137页	方法12 创建自述 第152页
暴怒	方法4 沉重四肢 第131页	方法3 情绪旋钮 第128页	方法6 智者人格 第137页	方法12 创建自述 第152页

处理人际关系引发的情绪崩溃的方法组合			
被遗弃感	方法1 静观正念 第123页	方法6 智者人格 第137页	方法7 体贴人格 第139页	方法12 创建自述 第152页
被背叛感	方法3 情绪旋钮 第128页	方法7 体贴人格 第139页	方法9 积极前景 第144页	方法12 创建自述 第152页
被控制感	方法1 静观正念 第123页	方法10 情绪共存 第146页	方法3 情绪旋钮 第128页	方法12 创建自述 第152页
被批评感	方法8 成就重温 第141页	方法2 OK手势 第125页	方法7 体贴人格 第139页	方法12 创建自述 第152页
被评判/ 羞耻感	方法1 静观正念 第123页	方法2 做OK手势 第125页	方法6 智者人格 第137页	方法12 创建自述 第152页

（续表）

处理人际关系引发的情绪崩溃的方法组合			
被误解感	方法1 静观正念 第123页	方法7 体贴人格 第139页	方法10 情绪共存 第146页	方法12 创建自述 第152页
不被体谅感	方法1 静观正念 第123页	方法5 支持联盟 第134页	方法6 智者人格 第137页	方法12 创建自述 第152页
怨恨	方法3 情绪旋钮 第128页	方法1 静观正念 第123页	方法6 智者人格 第137页	方法12 创建自述 第152页
沮丧/ 无望感	方法8 成就重温 第141页	方法9 积极前景 第144页	方法5 支持联盟 第134页	方法12 创建自述 第152页

附录C 人际关系中情绪导火索 空白自测表

如果第 3 章最后的表格不够用，你可以用下表进行补充。

在下表中圈出符合你情况的数字。

人际关系中情绪导火索 ▬▬▬▬▬▬▬▬▬▬

在和＿＿＿＿＿＿的关系中，

我有	从不	偶尔	有时	经常	总是
被遗弃感	1	2	3	4	5
被背叛感	1	2	3	4	5
被控制感	1	2	3	4	5
被批评感	1	2	3	4	5
被评判 / 羞耻感	1	2	3	4	5
被误解感	1	2	3	4	5
不被体谅感	1	2	3	4	5
怨恨	1	2	3	4	5
沮丧 / 无望感	1	2	3	4	5

将你选择 4 或 5 的导火索写在下表中。如果超过三个，请用另一张纸继续书写。此外，如果某种情绪较少出现，但一出现就会非常痛苦，也请将其添加到下表中。

导火索	作为反应的痛苦的想法和情绪

通常，导火索引起痛苦的想法和情绪后，你可能会做出防卫或拒绝反应（见第 3 章中的行为清单）。

根据上表中的导火索，描述你的防卫或拒绝反应。

导火索	防卫或拒绝反应

人际关系中情绪导火索

在和_____的关系中，

我有	从不	偶尔	有时	经常	总是
被遗弃感	1	2	3	4	5

被背叛感	1	2	3	4	5
被控制感	1	2	3	4	5
被批评感	1	2	3	4	5
被评判 / 羞耻感	1	2	3	4	5
被误解感	1	2	3	4	5
不被体谅感	1	2	3	4	5
怨恨	1	2	3	4	5
沮丧 / 无望感	1	2	3	4	5

　　将你选择 4 或 5 的导火索写在下表中。如果超过三个，请用另一张纸继续书写。此外，如果某种情绪较少出现，但一出现就会非常痛苦，也请将其添加到下表中。

导火索	作为反应的痛苦的想法和情绪

　　通常，导火索引起痛苦的想法和情绪后，你可能会做出防卫或拒绝反应（见第 3 章中的行为清单）。

　　根据上表中的导火索，描述你的防卫或拒绝反应。

导火索	防卫或拒绝反应

人际关系中情绪导火索

在和_____的关系中，

我有	从不	偶尔	有时	经常	总是
被遗弃感	1	2	3	4	5
被背叛感	1	2	3	4	5
被控制感	1	2	3	4	5
被批评感	1	2	3	4	5
被评判 / 羞耻感	1	2	3	4	5
被误解感	1	2	3	4	5
不被体谅感	1	2	3	4	5
怨恨	1	2	3	4	5
沮丧 / 无望感	1	2	3	4	5

将你选择 4 或 5 的导火索写在下表中。如果超过三个，请用另一张纸继续书写。此外，如果某种情绪较少出现，但一出现就会非常痛苦，也请将其添加到下表中。

导火索	作为反应的痛苦的想法和情绪

通常，导火索引起痛苦的想法和情绪后，你可能会做出防卫或拒绝反应（见第 3 章中的行为清单）。

根据上表中的导火索，描述你的防卫或拒绝反应。

导火索	防卫或拒绝反应

人际关系中情绪导火索

在和＿＿＿＿＿＿的关系中，

我有	从不	偶尔	有时	经常	总是
被遗弃感	1	2	3	4	5
被背叛感	1	2	3	4	5
被控制感	1	2	3	4	5
被批评感	1	2	3	4	5
被评判 / 羞耻感	1	2	3	4	5

被误解感	1	2	3	4	5
不被体谅感	1	2	3	4	5
怨恨	1	2	3	4	5
沮丧 / 无望感	1	2	3	4	5

将你选择 4 或 5 的导火索写在下表中。如果超过三个，请用另一张纸继续书写。此外，如果某种情绪较少出现，但一出现就会非常痛苦，也请将其添加到下表中。

导火索	作为反应的痛苦的想法和情绪

通常，导火索引起痛苦的想法和情绪后，你可能会做出防卫或拒绝反应（见第 3 章中的行为清单）。

根据上表中的导火索，描述你的防卫或拒绝反应。

导火索	防卫或拒绝反应

人际关系中情绪导火索 ━━━━━━━━━━━━━

在和＿＿＿＿＿＿＿＿＿的关系中，

我有	从不	偶尔	有时	经常	总是
被遗弃感	1	2	3	4	5
被背叛感	1	2	3	4	5
被控制感	1	2	3	4	5
被批评感	1	2	3	4	5
被评判 / 羞耻感	1	2	3	4	5
被误解感	1	2	3	4	5
不被体谅感	1	2	3	4	5
怨恨	1	2	3	4	5
沮丧 / 无望感	1	2	3	4	5

将你选择 4 或 5 的导火索写在下表中。如果超过三个，请用另一张纸继续书写。此外，如果某种情绪较少出现，但一出现就会非常痛苦，也请将其添加到下表中。

导火索	作为反应的痛苦的想法和情绪

通常，导火索引起痛苦的想法和情绪后，你可能会做出防卫或拒绝反应（见第3章中的行为清单）。

根据上表中的导火索，描述你的防卫或拒绝反应。

导火索	防卫或拒绝反应

人际关系中情绪导火索

在和＿＿＿＿＿＿＿＿的关系中，

我有	从不	偶尔	有时	经常	总是
被遗弃感	1	2	3	4	5
被背叛感	1	2	3	4	5
被控制感	1	2	3	4	5
被批评感	1	2	3	4	5
被评判 / 羞耻感	1	2	3	4	5
被误解感	1	2	3	4	5
不被体谅感	1	2	3	4	5
怨恨	1	2	3	4	5
沮丧 / 无望感	1	2	3	4	5

将你选择 4 或 5 的导火索写在下表中。如果超过三个，请用另一张纸继续书写。此外，如果某种情绪较少出现，但一出现就会非常痛苦，也请将其添加到下表中。

导火索	作为反应的痛苦的想法和情绪

通常，导火索引起痛苦的想法和情绪后，你可能会做出防卫或拒绝反应（见第 3 章中的行为清单）。

根据上表中的导火索，描述你的防卫或拒绝反应。

导火索	防卫或拒绝反应

参考书目

Coué, E. (1922). *The Coué "method": Self-mastery through conscious autosuggestion,complete and unabridged* (A. Stark van Orden, trans.). New York:Malkan Publishing.

Daitch, C., & Lorberbaum, L. (2012). *Anxious in love: How to manage your anxiety,reduce conflict, and reconnect with your partner.* Oakland, CA: NewHarbinger.

Hendrix, H. (2010). *Stay in the boat and paddle: Advice for couples from HarvilleHendrix, Ph.D.* Retrieved June 2015, from http://www. harvillehendrix.com/read.html

LeDoux, J. (1996). *The emotional brain: The mysterious underpinnings of emotional life.* New York, NY: Simon & Schuster.

Perry, B., & Szalavitz, M. (2006). *The boy who was raised as a dog: And other stories from a child psychiatrist's notebook.* New York, NY: Basic Books.

Schore, A. N. (1996). The experience-dependent maturation of a regulatory system in the orbital prefrontal cortex and the origin of developmental psychopathology. *Development and Psychopathology, 8,* 59–87.

Siegel, D. (2007). *The mindful brain: Reflection and attunement in the cultivation of well-being.* New York, NY: Norton.

Spiegel, H. (1972). An eye-roll test for hypnotizability. *American Journal of Clinical Hypnosis, 15*(1), 25–28.

Tronick, E., Als, H., Adamson, L., Wise, S., & Brazelton, T. B. (1978).

Infants'response to entrapment between contradictory messages in face-to-face interaction. *Journal of the American Academy of Child and Adolescent Psychiatry, 17,* 1–13.

图书在版编目（CIP）数据

坏心情生存手册 / (加) 卡罗琳·戴奇, (加) 丽莎·罗勃鲍姆著 ; 许王倩, 左萌萌译. -- 北京 : 九州出版社, 2023.1（2024.3重印）

ISBN 978-7-5225-1193-1

Ⅰ.①坏… Ⅱ.①卡…②丽…③许…④左… Ⅲ.①心理学—通俗读物Ⅳ.①B84-49

中国版本图书馆CIP数据核字(2022)第182436号

著作权合同登记号：图字：01-2022-6527

坏心情生存手册

作　　者	［加］卡罗琳·戴奇、［加］丽莎·罗勃鲍姆 著　许王倩、左萌萌 译
责任编辑	杨宝柱　周　春
出版发行	九州出版社
地　　址	北京市西城区阜外大街甲35号（100037）
发行电话	（010）68992190/3/5/6
网　　址	www.jiuzhoupress.com
印　　刷	嘉业印刷（天津）有限公司
开　　本	889毫米×1194毫米　　32开
印　　张	8.75
字　　数	172千字
版　　次	2023年1月第1版
印　　次	2024年3月第2次印刷
书　　号	ISBN 978-7-5225-1193-1
定　　价	45.00元